今日からモノ知りシリーズ
トコトンやさしい

機械設計の本

「要求される仕様に合った機械」を創造する機械設計。それには、機械力学、材料力学、制御など、様々な基礎知識に加えて、製図、加工法、機械要素、メカトロニクスに至るまで広範囲な視点が必要になる。本書では、それらを初学者のために、楽しく、わかりやすく解説している。

Net−P.E.Jp 編著
横田川 昌浩・岡野 徹
高見 幸二・西田 麻美 著

B&Tブックス
日刊工業新聞社

はじめに

インターネット上で知り合った数名の機械部門技術士が集まって、『Net-P.E.Jp』専用のサイトを2003年6月に開設（http://www.geocities.jp/netpejp2/）しました。そこからネット上の交流を中心に、オフ会や勉強会、技術士試験対策本の出版などを行ってきました。

それから10年が経ち、今回、日刊工業新聞社のフラッグシップモデルである「トコトンやさしい」シリーズの「機械設計」出版のお話をいただき、執筆させていただくことになりました。

「トコトンやさしい」シリーズは、その名のとおり図やイラストなどをふんだんに使って、テーマについてトコトンやさしく解説した技術の本です。本書はその「機械設計」の本として、機械設計技術者としてスタートした若手技術者はもとより、将来機械設計技術者を目指している学生、さらに機械設計のことを知りたいと考えている人たちを対象にしています。また、機械設計を本業としている技術者にも、再確認用として実務に役立てられるような内容にしました。

書籍執筆に際して、まずは「機械設計とは？」ということから考え始めました。あらためて機械設計に必要な知識は広範囲で、多岐にわたり、失敗を含めたさまざまな経験的ノウハウや養われたセンスが非常に大切なことを痛感しました。

本書籍の内容は、実際に機械設計の実務を行う上で必要な知識や見識を、若い技術者にわかりやすく具体的に解説するようなものをイメージしています。機械設計のプロセスから必要な基礎的知識、製図手法や機械要素技術など、どれも機械設計には欠かせないものです。また、近年ますます活用が進んでいるメカトロニクス技術の解説にも力を入れました。そのほか重要と思われるキーワードを取り上げるとともに、各章の最後にちょっとした話題をコラムとして提供しています。

この本をひととおり読むことによって、「機械設計」がどういうものかをイメージすることができます。本書が科学技術立国を支える機械設計技術者の役に立てることを願っています。

著者一同

平成25年9月

目次 CONTENTS

第1章 機械設計とは

第2章 機械設計のプロセス

第3章 機械設計に必要な基礎知識

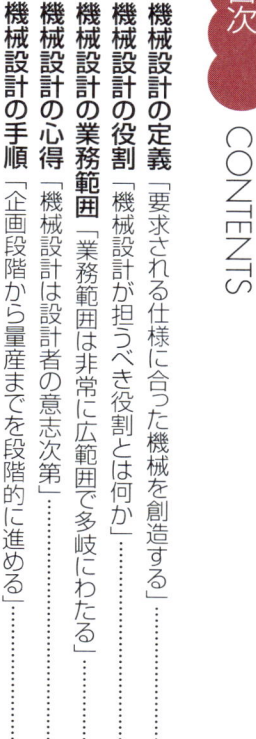

第4章 機械製図

第5章 機械要素 その1

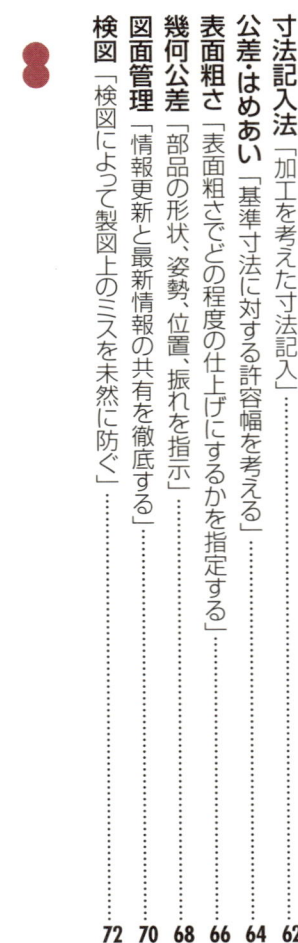

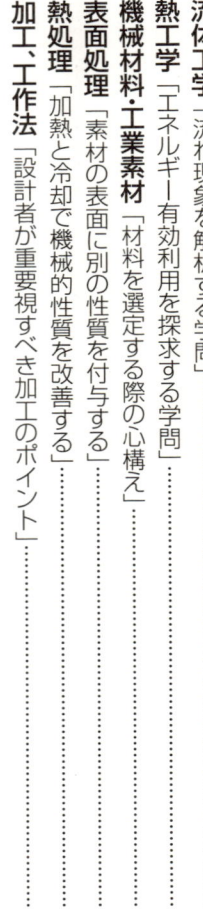

第6章 機械要素 その2

第7章 メカトロニクス部品

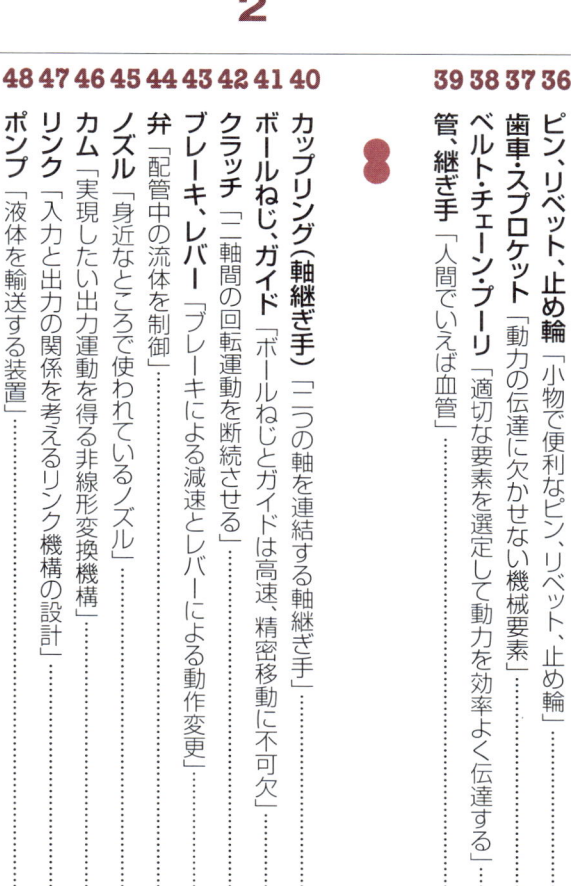

第8章 機械設計者が知っておくべき周辺知識

【コラム】

キーワード解説

本書中に登場するキーワードで、
用語解説が必要だと思われるものを取り挙げています。

●アクチュエータ：1章－1、3章－16、6章－44

アクチュエータとは、「働かせる」「 作動させる」という意味で、オン/ オフする装置を指してこう呼びます。アクチュエータには、電機、油圧、空圧などのエネルギー（動力源）があり、直進運動や回転運動に変換して機械的な仕事をさせることができます。つまり、力や熱、風量などといった 作用の大きさを変えることができる装置はすべてアクチュエータなのです。その代表的な装置がモータです。モータの回転運動を機構（メカニズム）を介して様々な運動に変換することができます。

●ＣＥ（コンカレント・エンジニアリング）：2章－7、8章－66

ＣＥの目的は、製品開発の段階で製品のコンセプトを決める段階から、設計、製造、試験評価、出荷に至る各プロセスの計画を同時並行的に進めることで、開発・製造・物流に至るライフサイクルを最適化していくことです。いわゆる組織の壁を取り除いて、開発段階からそれぞれの専門知識を出し合って企業の総合力で商品化の開発期間短縮や開発費抑制を目指していくものです。設計者としても開発段階から参画していきますので、広範囲の知識と経験を磨いておく必要があります。

●ＱＣＤ：2章－10

ＱＣＤとは、品質（Quality）・コスト（Cost）・納期（Delivery）の頭文字をとった略語です。「品質が高く、安価で、作りやすい」という互いに矛盾する観点に対して、バランスのとれたものづくりを実現するための目標を設定するときの視点です。製造業では、ＱＣＤの各要素に対して、品質管理・生産技術・製造の部門を配置しています。ひとつの製品に対して、各部門がそれぞれの観点をもとに、ＱＣＤを追求していくことで、その製品の全体価値が高められます。

●ＣＦＤ：3章－17

ＣＦＤとはComputational Fluid Dynamicsの略で、連続の式とナビア・ストークスの式から、コンピュータを利用して流れを解析してきます。流れを解析するもう一つの手法としては実験による解析方法がありますが、ＣＦＤによる方法では複雑な流路やさまざまなケース・スタディーにおいて一度モデリングができてしまえば短時間で解析できることが挙げられます。しかし、ＣＦＤで精度を高めるためには、モデリング段階でいかに適切な条件が設定できるかが重要になってきます。

キーワード解説

●バックラッシ：5章−37、5章−38、6章−40、6章−41

バックラッシとは、ボールねじや歯車のかみあい部に適正な隙間を設けるものです。これによって、ボールねじや歯車が滑らかに無理なく運動できるようになります。一方、回転を逆回転させたときに、動力の伝達に遅れが生じたり衝撃が発生します。

バックラッシが小さすぎると、潤滑が不十分になって接触面の摩耗が多くなり、逆に大きすぎるとガタが生じて騒音や振動が大きくなったり、破損の原因になります。

下記の“予圧“を与えたり構造を工夫することで、バックラッシをなくすことができます。

●予圧：6章−41

剛性を上げたり、バックラッシや振動をなくすために、あらかじめかみあい部の隙間をなくして内部荷重を与えるものです。軸受、リニアガイド、ボールねじ、カムなどに適用することで、高精度、高信頼性な運動が可能になります。予圧を与える方法は、位置や寸法で管理することで圧力を生じさせたり、バネなどによって圧力を与えたりします。

予圧が抜けると精度が悪くなったり、予圧が大きすぎると摩耗や発熱が発生して寿命が短くなってしまいます。そのため、適正な予圧を確実にかけ続けることが大切です。

●MEMS：7章−50

MEMSとは、Micro Electro Mechanical Systemsの頭文字を取った略語です。具体的には、半導体プロセスを応用して、シリコン基板表面に積層と除去加工を繰り返すことで作り上げられるミクロン単位の機構部品のことを指します。半導体との大きな違いは、MEMSが可動部分を持つことです。熱・電気・磁場など外部からのエネルギーを与えて、この可動部品を変位させることにより、インクジェットのプリンタヘッドや熱センサ、加速度センサなどに応用されています。

●慣性モーメント：7章−51

慣性モーメントとは、物体（剛体）の回転のしづらさ、回りだす変化のしにくさを示したものでアクチュエータの選定時にとても重要です。大きな物体を回転させるには、大きな力が必要であり、逆に小さな物体を回転させるには、小さな力ですみます。つまり、回転体に回転トルクをかけたときの回転の難易さを表すのが慣性モーメント（＝イナーシャ）です。加減速時のトルクはイナーシャの大きさに比例するため、イナーシャが大きな機械（負荷）のときには、アクチュエータの容量も大きくなります。

第1章

機械設計とは

1 機械設計の定義

要求される仕様に合った機械を創造する

機械設計はさまざまな知識や経験を駆使して検討を行い、要求される仕様に合った機械を創造するものです。要求される仕様とは、機械の機能、性能、適用範囲を示し、構造、動作、取り扱いの説明または注意点などを明確にしたものです。一概に機械といってもさまざまで、いろいろな役割を持ったものがあります。それらを机上のイメージの状態から、機械として実物をつくりあげる過程全てが設計といえます。

機械設計の検討を行うためには、材料力学・機械力学・熱工学・流体工学などの工学系の学問や、機械製図の手法、機械要素技術、そのほか機械材料や加工、組み立てなどの製造に関する知識が必要になります。さらに、規格や法令、各種設計ツールや手法にも精通している必要があります。また、さまざまな経験から得られたノウハウや、最適な設計を行うセンスも大切です。

一方、近年ますます求められている高機能・高精度・高速化を実現するために、メカトロニクス技術が欠かせなくなっています。高度化したセンサによってあらゆる状態が正確に把握できるようになり、複雑な制御を可能にするアクチュエータ（巻頭キーワード解説参照）によってさまざまな動きが実現されます。そのため、メカトロニクス技術を熟知し、使いこなすスキルも必要です。

また、機械設計を進めるうえでは、仕様を的確に把握するのはもとより、コスト削減やスケジュールの管理を行うことも大切です。その他にも環境性、安全性、信頼性、分解性、保守性、耐久性などを向上させ、小型・軽量化を進め、さらには振動や騒音をなくすなど、検討すべきことは非常に広範囲で多岐にわたります。以上より、本書では機械設計を次のように定義します。

『さまざまな知識や経験を駆使して、要求される仕様に合った機械を創造すること』

要点BOX

●高機能・高精度・高速化を実現する
●検討すべきことは非常に広範囲で多岐

機械設計とは

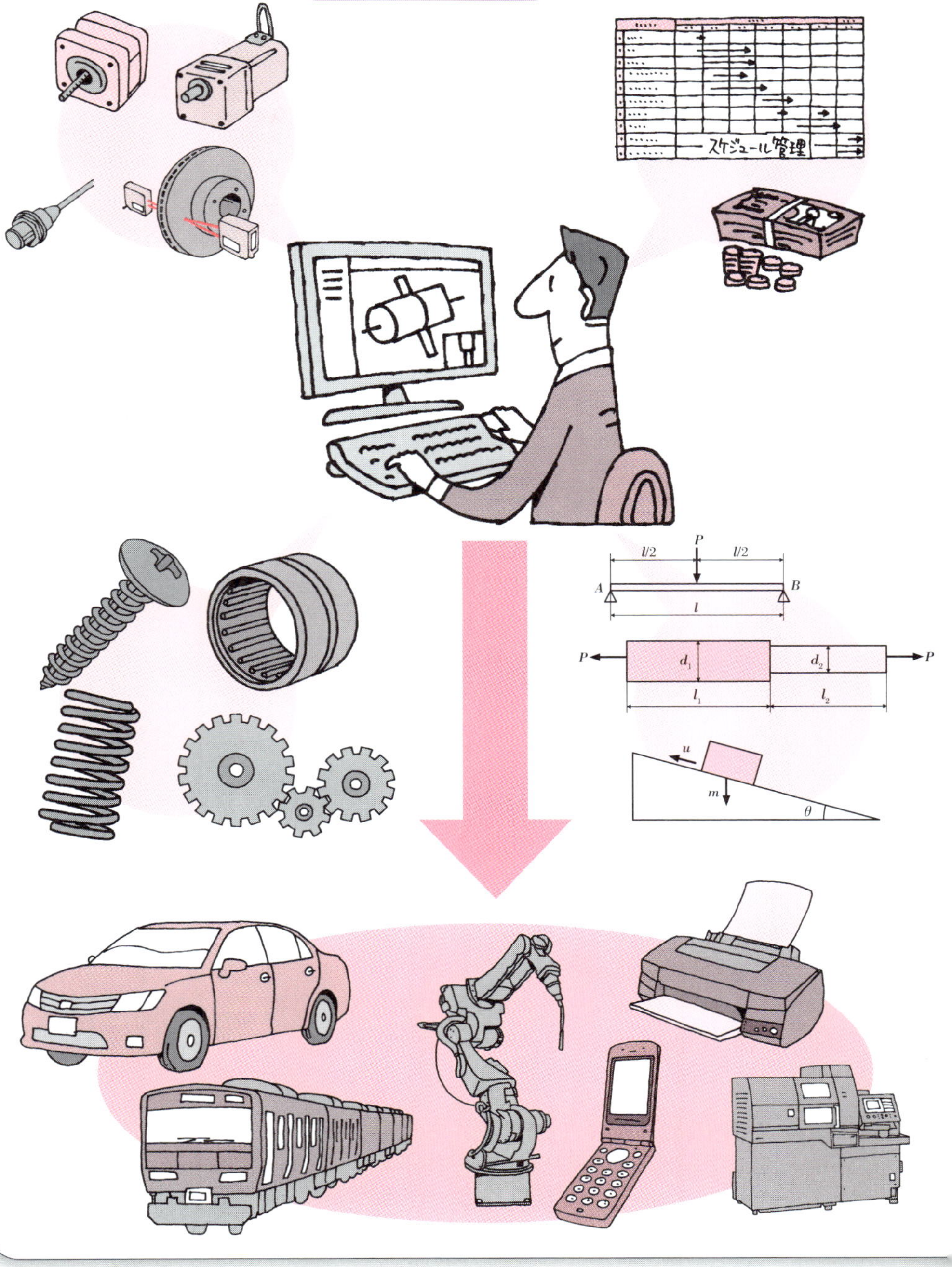

2 機械設計の役割

機械設計が担うべき役割とは何か

機械設計は、過去の経験によって積み重ねられた、豊富な技術や論理的な考え方に基づいています。機械や電気・電子、コンピュータなどの機能や性能をよく理解した上で、最もよい方法で最もよいと思われるものを組み合わせながら合理的に製品を作り出します。設計者は、単に要求仕様を満足させるだけでなく、付加価値の高い製品を生み出さなければなりません。それには、品質、コスト、納期など多くのハードルをクリアしながら、独創性に富んだ設計を手がけることが求められます。

設計者は、製品の形状、寸法、材質などを総合的に検討するために、3次元シミュレーションや解析ツールを有効に活用します。利用できる機械要素や部品素材などの特徴を吟味しながら、アイデアやノウハウを結集した図面作成を進めていきます。また、製品の品質は十分か、要求仕様に合っているか、目的の動作を達成するか、不具合・不備はないかなどの評価・検証を重ねながら、「安全」と「信頼」の確保にも取り組みます。さらに、具体的な操作方法や手順を示した取扱説明書の作成や、製品の権利を守るために特許を出願することなども機械設計の重要な役割です。

近年ほとんどの機械製品は、メカニクス（構造・機構）とエレクトロニクス（電子制御）の融合である、メカトロニクス技術で作られています。したがって、電気、制御、ソフトウェア、プロセスといった、他分野の設計者や関連部門との協力が欠かせません。製品の企画考案から構想設計、基本設計、詳細設計、試作・評価、さらには量産の立ち上げフォローに至るまでトータル的に携わります。

このように機械設計は、経済性、安全性、利便性を考慮しながら独創的なアイデアを具現化することで、製品開発を通して社会の発展に大きく貢献しています。

要点BOX

- ●独創的なアイデアを具現化する主導的な役割
- ●「安全」と「信頼」と「権利」を守る

機械設計の役割

- 客先での仕様打ち合わせ
- アイデアの具現化
- シミュレーション・解析によるアイデアの検証
- CADによる製図
- 試作品(プロトタイプ)の評価
- リスクの抽出
- トラブル発生の原因究明と対策
- 出図日程管理、進捗状況管理
- 加工現場への指示
- 購入品の選定および購入品メーカーとの仕様打ち合せ
- 社内購買部へ部品の調達依頼
- クレーム発生時の客先への状況確認と調査報告
- 取扱説明書の作成
- 特許の出願
- 他部門の設計者や関係者とのすり合わせ
- プレゼンテーション

3 機械設計の業務範囲

業務範囲は非常に広範囲で多岐にわたる

機械設計の業務範囲は、非常に広範囲で多岐にわたります。機械設計の中心的な業務はＣＡＤなどの設計ツールを使って、図面を描き検討することです。これは、構想設計、基本設計、詳細設計の段階で、知識と経験を駆使した創造的な作業になります。各段階の節目にはデザインレビューを行います。さらに要求される仕様や操作方法、制約条件などを仕様書や取扱説明書としてまとめます。

設計の検討途中では、最適な機械要素や機械を構成する購入品を選定する作業も必要になります。新しい機構や構造などを考え出して、これらのアイデアを特許として権利化することも重要です。

近年メカトロニクス技術の活用が進んでいますが、センサやアクチュエータの選定は通常機械設計業務の範囲になります。選定とは、そのシステムを構成するのに最適なセンサやアクチュエータを選び、型式まで決定することです。それらをどのように配置し、どのタイミングで検知または動かすかをはっきりさせ、可動可能な領域も指定します。そのため、電気、制御技術者が設計を進められるように、文章やタイミングチャートまたはフローチャートを作成したり、ときには直接打ち合わせして確認を行います。

機械完成後に仕様どおりにできているか、評価して確認することも機械設計の重要な業務です。仕様を満たしているかどうかを、どういう評価方法と評価基準で行うかを考え、最適な測定、確認方法によって最終的な結論を出します。実際の評価は、評価専門の部署や複数の技術者の協力を得ながら、動作のチェックや確認を行います。評価結果には設計者自身が責任を持つようにしましょう。自分が設計したものを実際に自分の目で確認することは、機械設計者にとって非常に大切なことです。評価結果によって改善が必要なところは原因の究明を行って、再度設計を見直して対策します。

要点BOX
- ●設計ツールを使って図面を描き検討
- ●評価結果によっては再度設計を見直して対策

機械設計の業務範囲

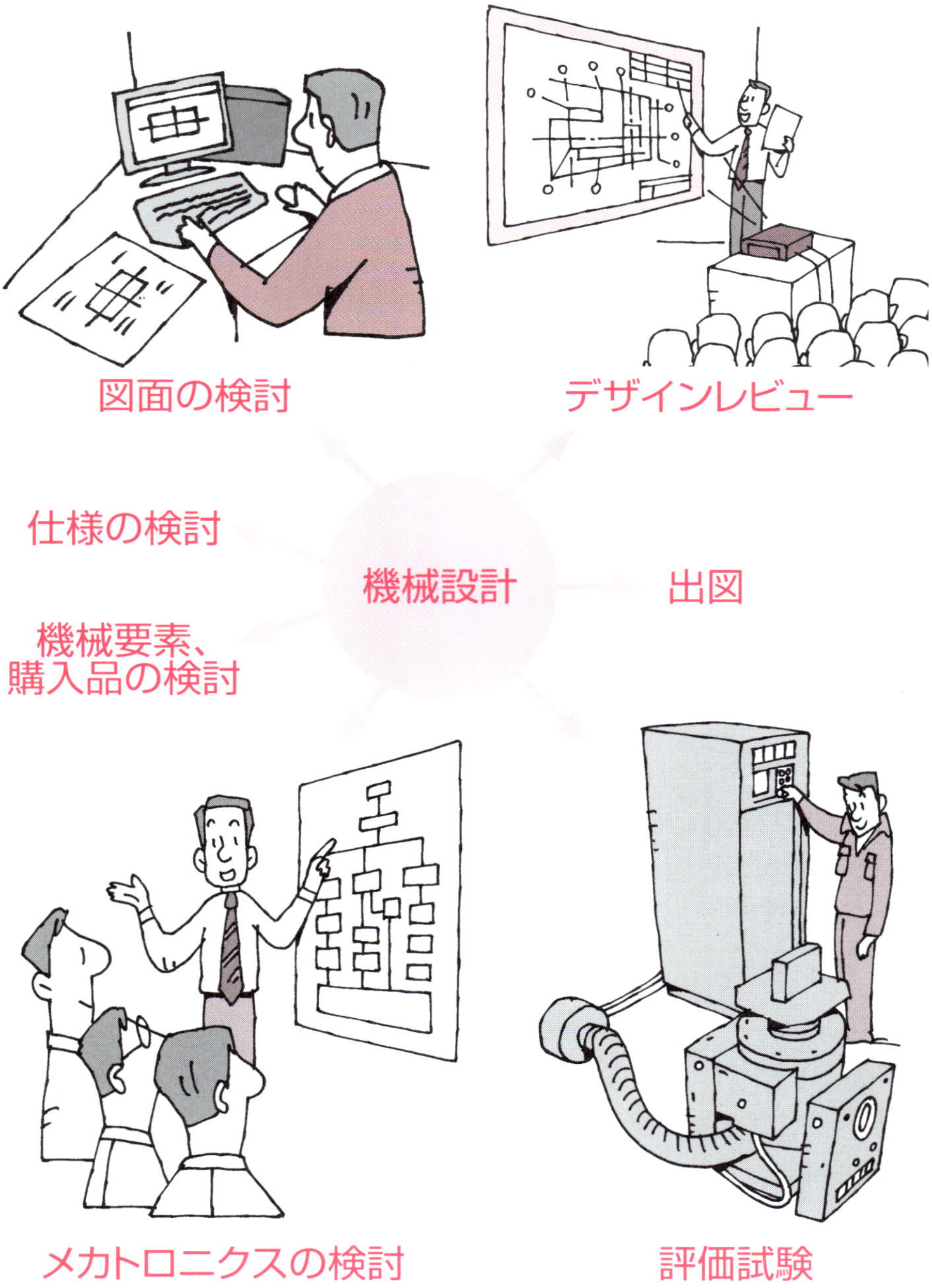

図面の検討
デザインレビュー
仕様の検討
機械設計
出図
機械要素、
購入品の検討
メカトロニクスの検討
評価試験

4 機械設計の心得

機械設計は設計者の意志次第

機械設計は、設計者の意志が色濃く反映されます。設計検討を進める上で最も重要なことはユーザーの視点です。新たに設計する製品を使うことによって、ユーザーが「現状よりもさらに快適になるにはどうしたらよいか」を考え、このイメージをもつことが機械設計者に求められます。具体的には、操作しやすかったり、壊れにくく不具合が少ないことなどが考えられます。さらに、安い、速い、精度がよい、静か、軽い、小さいなど、プラスの価値を付加したいところです。

また、倫理的な意識を持つこともとても大切なことといえます。法の遵守だけでなく、安全と環境の観点も守るべき制約条件になります。どんなに高性能の機械であっても、人命を奪ったり負傷させるなどの重大事故を起こしたり、使用中や廃棄後に環境に悪影響があるのでは、社会に受け入れられません。

このようなユーザー視点と倫理的意識をふまえた上で、設計の核となるアイデアを生み出していきます。

機械設計におけるアイデアは、求められる性能や機能を実現するための具体的な方策のことです。思いつきを具体化する際には、材料力学、機械力学・制御、熱工学、流体工学などの基礎知識や、製図、加工法、機械要素、メカトロニクスなどの広範囲な知識が大きな助けになります。

ただし、アイデア全てを設計者が単独で発案する必要はありません。周囲の先輩設計者に過去の成功・失敗事例を尋ねたり、チームでブレインストーミングを実施したりすることで、ノウハウや知見を踏まえたアイデアに発展できます。ブレインストーミングとは、少人数のグループで自由にアイデアを出し合って新しい発想を生み出す手法です。さらに、専門雑誌や書籍などから得られる事例や公開特許などの情報も、よい設計をする上でとても有効です。

衆知を集めて、それを上回るアイデアをひねり出すこと、これこそが新たな価値創造につながります。

要点BOX

- ●ユーザーが喜ぶ顔を思い描けるか
- ●法律・安全・環境を遵守すること
- ●衆知を集めて、超える発案をする

設計思想コンセプト

狙い！ ユーザー視点での よい製品とは何か

- 操作しやすい
- 壊れにくく不具合が少ない
- 騒音、振動が少ない
- コストパフォーマンスが高い

などなど・・・

5 機械設計の手順

企画段階から量産までを段階的に進める

まず機械設計者が行うべきことは、企画部門あるいは顧客からの要求内容を十分に理解して、製品の仕様を適確に把握し明文化することです。通常機械設計者は、製品開発を行う上で非常に重要なポジションとして、この要求内容の確立から参画します。

要求内容をはっきりさせてから、構想設計へと進んでいきます。ポンチ絵や3次元CADなどのモデリング技術を使いながら構想図を作成します。この段階で、その製品や装置の概略機能や寸法などの主要な仕様を決めていきます。ここで決定したことは、家にたとえれば大黒柱でその後の方向性を決定づけることになるため、慎重に進める必要があります。

構想設計で構想図がかたまると、基本設計に移ります。基本設計では検討図を作成します。構想図をもとに機械工学の知識を応用して、静・動特性の解析を行い、さらに詳細な形状や寸法、構成部品を決定しながら検討図を仕上げていきます。

基本設計が完了すると詳細設計に移ります。組立図と部品図、部品表を作成し出図することによって、必要な部品すべてを手配します。その後、製造工程を示した作業指示書の内容に従って製品が製造されますが、機械設計者は製造工程がスムーズに行われるようにフォローします。

完成した製品あるいは試作品が、仕様を満たしているかどうかを評価基準に沿って評価します。そこで明らかになった問題に対して十分な検討を行い、量産して市場に投入してもよいレベルにもっていきます。量産移行時には、取扱説明書の作成や特許の出願を行います。

製品が出荷された後は、実際にその製品を使用した客先や一般ユーザーの生の声に耳を傾けるようにします。良かった点、悪かった点を洗い出して、次の設計に活かします。

要点BOX

- ●要求内容の明文化→構想設計→基本設計→詳細設計→試作・評価→量産
- ●問題発生時の対応も重要

機械設計者が行う手順

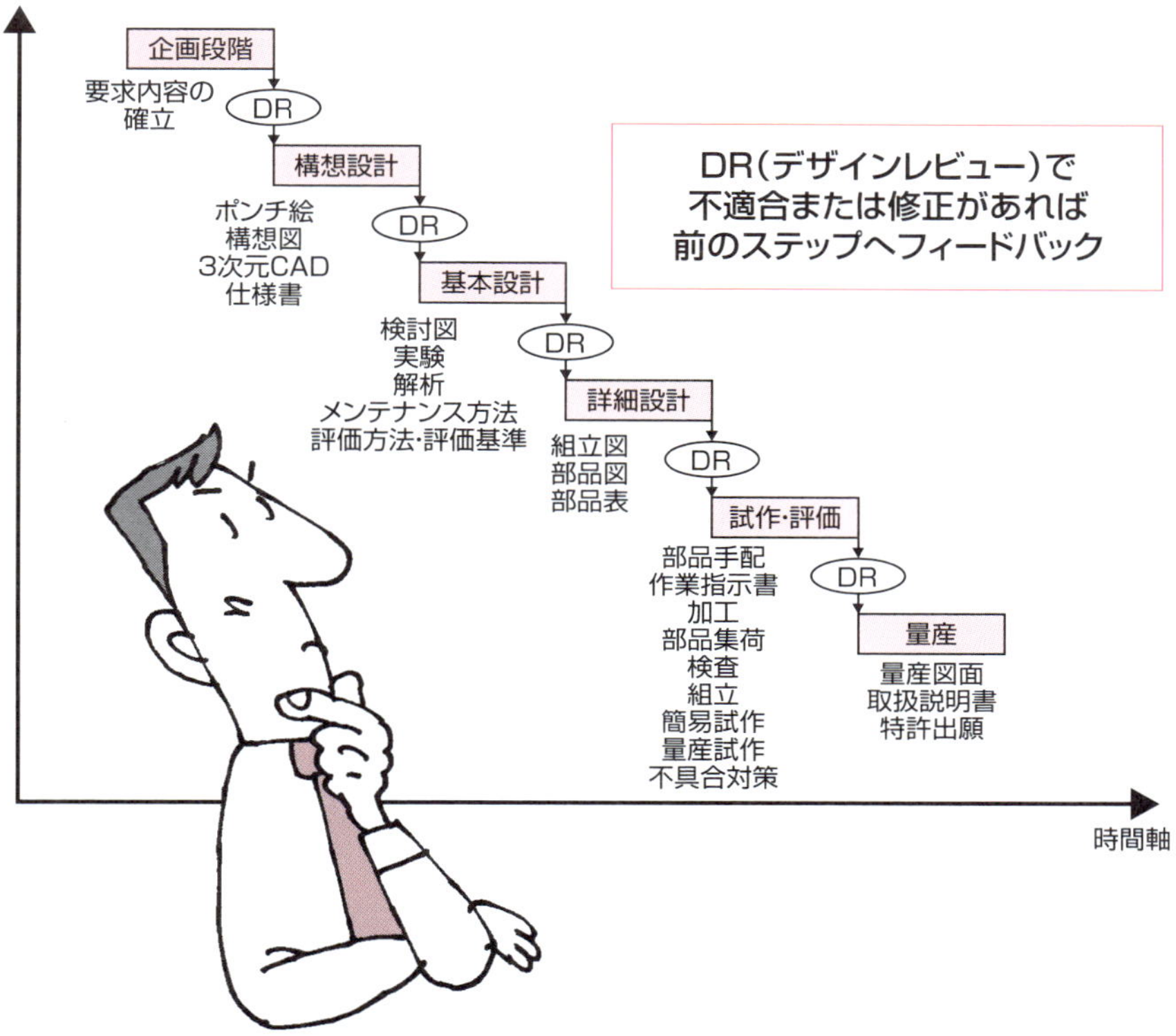

構想図は…
大黒柱のようなもの

客先や一般ユーザーの
生の声

Column

シンプルで バランスのとれた設計を

機械設計者は、要求された仕様に基づいて機能、構造、コスト、サイズ、デザイン、操作性、メンテナンス性、信頼性など、さまざまな面から検討を行います。各々の検討内容には決められた解答がないので、検討したものの完成度には、設計者の技術力やセンスによって違いが生じます。そのため、どのような心がけで設計を行うかは、非常に大切なことといえます。

「シンプル・イズ・ベスト」というフレーズがありますがシンプルな機械は、低コストで故障も少ないものです。また、使用者側の操作も容易であり、メンテナンスも楽で経済的です。

これに対し、複雑な機械は、使用者が熟知するまでに多くの時間がかかり、故障の発生率が高く、メンテナンスも面倒でユーザーの協力を得難いものです。機械をシンプルにするには、合理的に設計を行う必要があります。欲を出して、仕様をふくらませたり、余分な機能を付け加えたりせずに、重点項目に焦点を当てて、必要最小限に縮小を図る意識を持つことが大事です。

具体的には、機能の兼用、部品点数の削減、部品形状の簡素化と簡略化などを行うと有効的です。

また、見た目が直感的に美しい機械は、一般的に性能、効率がよく、使いやすい機械です。そして、美観に優れたものは時代を超えて愛され続ける傾向があります。センスに優れているからこそ、価値のあるものとして普遍的に人の心を打つのです。

美しい機械を作るには、「バランス」と「安定感」の両者を得ることがポイントです。バランスの悪い機械は、「ムダ・ムリ・ムラ」が混在しており、多くの問題を発生させ、見るものに不安や恐怖を与えます。いかにシンプルに、いかにバランスのとれた設計をするかによって、最終的には不具合の発生が少ない、使用者の満足度が高い機械の設計につながっていくといえます。

機械設計を行う上では、簡単には解決できない問題の対策に取り組んだり、前例がない他にはないものの創出を求められるようになります。そのようなときに備えて、いろいろな経験を積むことで技術の幅を広げ、精神力を鍛えておく必要があります。そのためには、日々の設計業務を一歩一歩確実に積み重ねていくようにしましょう。

第2章

機械設計のプロセス

6 企画の段階

まずは相手の要求を理解

企画部門あるいは顧客から新しい製品や技術に関する要求があったときに、機械設計者としてやるべきことは、その要求内容を明確にすることです。この要求内容を文書化したものが要求仕様書です。

企画部門あるいは顧客からの要求は、具体性に欠けていて曖昧な部分が多く混沌としています。要求内容を明確にするとは、この曖昧な要求を技術的な根拠に基づいて、実現可能なものに置き換えることです。要求仕様書は技術的な知見や根拠が大前提なため、対象となる製品や装置を総合的な視点で眺めることができる設計者が作成するべきものです。

要求内容を確立する上で必要な能力は、コミュニケーション力とアイデア発想力です。まずコミュニケーション力については、相手の表面的な要求ばかりでなく、その裏に隠れている真の要求を十分に理解した上で提案する力が大切です。一方、アイデア発想力とはまさに付加価値の創造です。この付加価値をどれだけ生み出せるかどうかで、機械設計社は他社が真似できない差別化された製品を設計できるのです。

アイデア発想力を身につけるためには、社会全体を広く理解しておく必要があります。技術者だからといって専門の技術分野のみに閉じこもらず、経済や海外情勢など社会の広い分野に興味を持つことが大切です。また、マーケティングの分野で3C分析という言葉があります。これは「Customer」「Competitor」「Company」の頭文字をとったもので、顧客、競合、自社それぞれの分析を行うものです。作り上げた仕様書は、これら3Cのキーワードで評価してみるとよいでしょう。

顧客満足を得るためには、相手のニーズを明確にするとともに、自分たちが相手に与えることができるシーズを把握しておく必要があります。要求仕様書の作成とは、まさに相手のニーズと自分たちのシーズを結びつけていく作業そのものといえます。

要点BOX

- 要求仕様書の作成は設計者の役割
- 要求仕様書とは顧客ニーズと自社シーズを結びつけたもの

要求仕様書とは

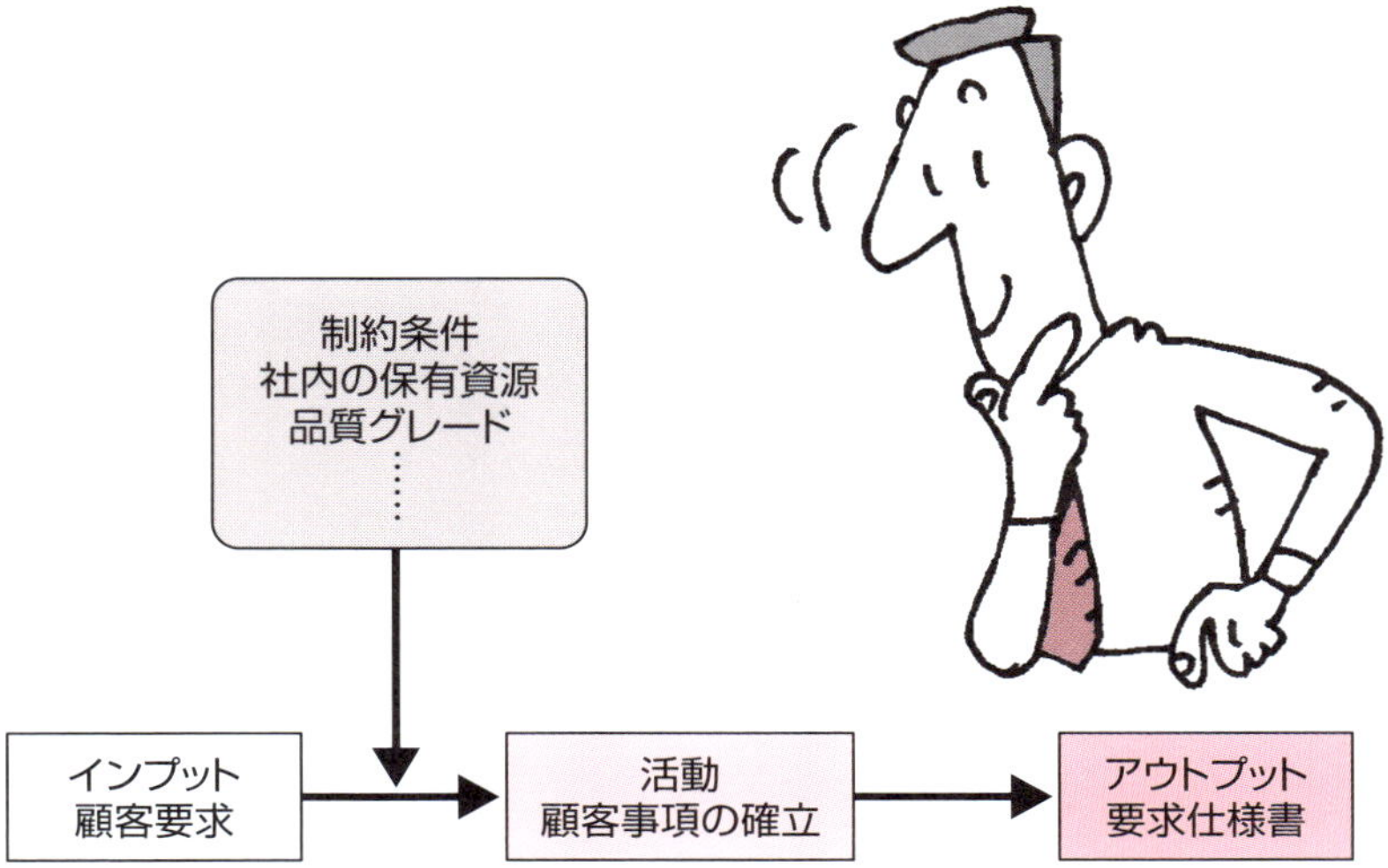

3Cとは

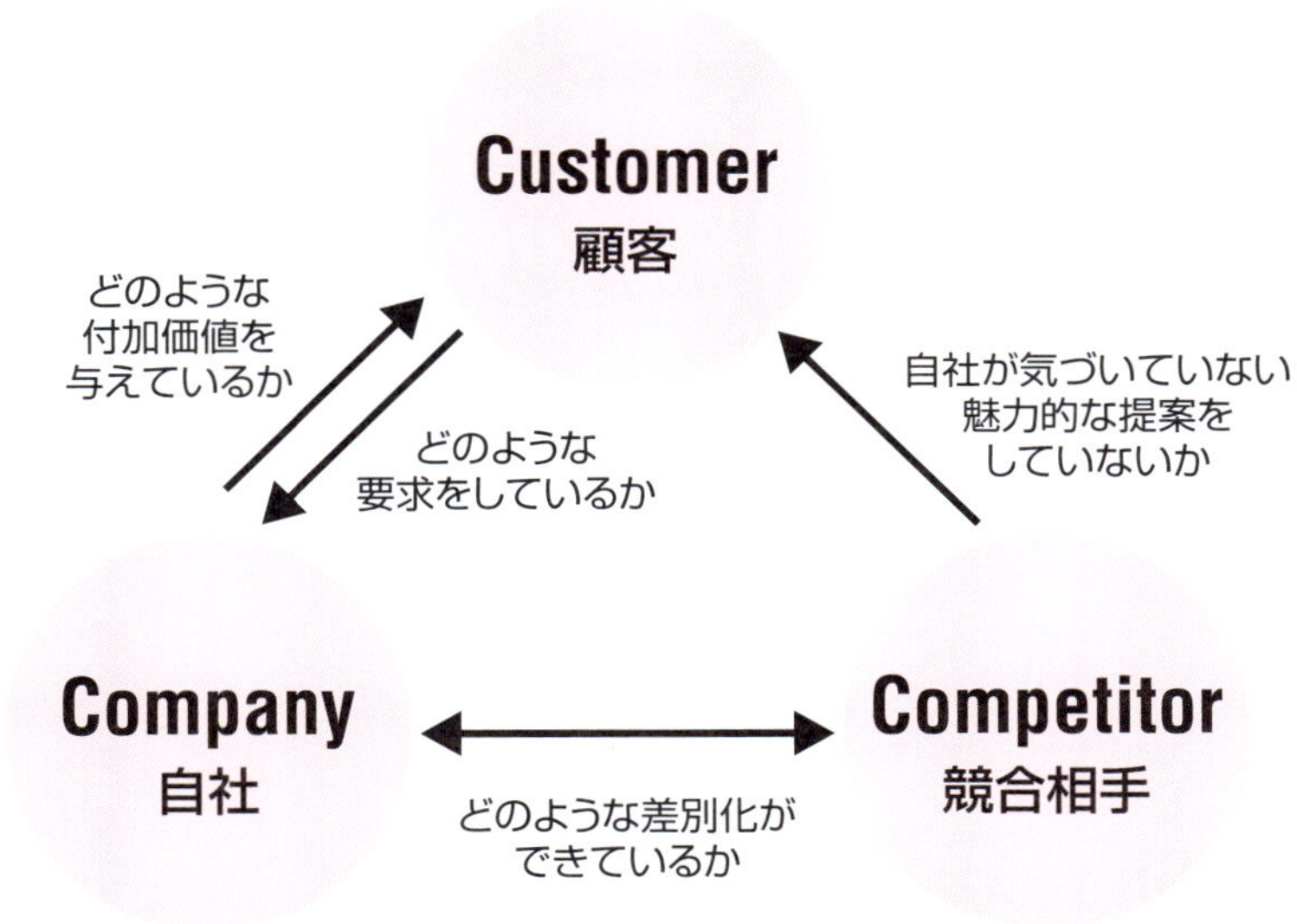

7 構想設計

機能を明確にして実現する方法を検討

構想設計は企画部門および顧客からの要求に対して、機能を明確にして、その機能をどうやって実現するかを具体的に検討します。構想設計によって作成する図面を構想図と呼びます。構想図作成前に、できるだけ多くの案を「ポンチ絵」と呼ばれるフリーハンドの絵として描きます。そうすることによって、自分の考えをまとめ、要求される機能をはっきりさせることができます。

いくつか考えたアイデアの中で最良な案をもとに、CADを使って構想図を作成します。CAD図面にすることで寸法が明確になり、実現可能かをより判断しやすくなります。

次に構想図作成時に検討すべき項目を挙げます。

この段階では、全てを詳細に決定しておく必要はありませんが、実現できそうな「あたり」をつけておくことが大切です。

①企画に対して機能が十分か
②どのような機構、構造にして、どのような機械要素を用いるか
③駆動方法、駆動伝達方法、動作や位置を検知する方法はどうするか
④機械の強度は十分か
⑤動作時の不具合や干渉はないか
⑥コストやスケジュール、スペースは満足できそうか

「構想図」は3次元CADによってモデリングをすることで、顧客などの要求元はもちろん他の関係者にも理解しやすくなり、その後の工程への展開や前工程へのフィードバックが簡単になります。

すなわち、営業、開発設計、製造、サービス部門などでの検討を同時並行して進め、開発期間を短縮するコンカレントエンジニアリング（CE）（巻頭キーワード解説参照）を実現します。

要点BOX

●実現できそうな「あたり」をつける
●開発期間を短縮するCEを実現する

構想図:ポンチ絵による検討例

■タイトル:製品搬送装置　■日付:20××年××月××日　■氏名:○○○○○

■装置概要

①モータによってカムを回転させて、扇歯車に取り付けたカムフォロアが変位する。
②カムフォロアの変位によって、扇歯車が揺動する。
③扇歯車によって平歯車が回転し、ワンウェイクラッチで軸と連結する。
④軸の回転と連動して搬送ベルトが移動する。
⑤搬送ベルト上の製品を所定の速度、加速度で必要な距離一方向に移動させる。

■装置の構造

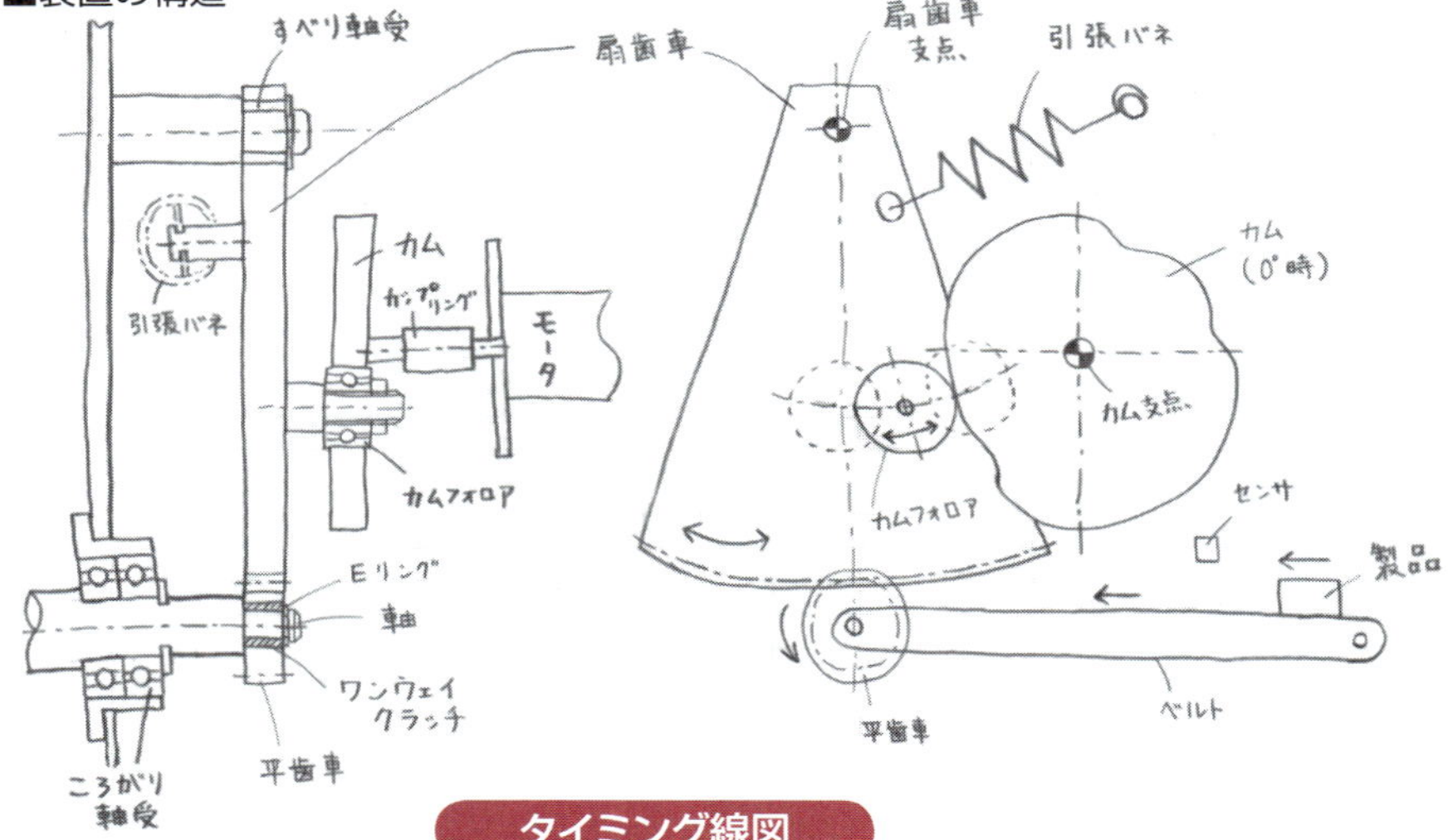

タイミング線図

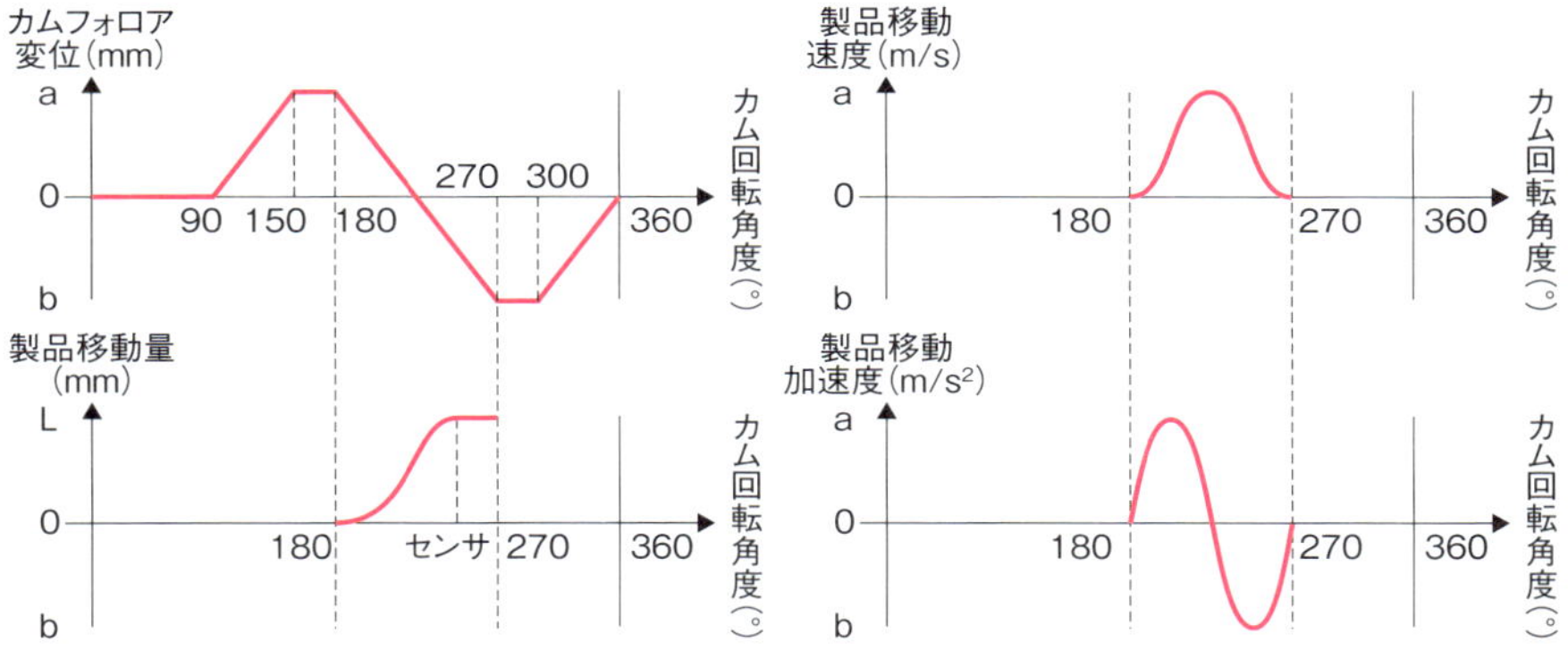

構想設計にて詳細に検討する内容

①各機械要素の検討(カム、歯車、バネ、軸受、軸、止め輪、カップリング、キーなど)
②メカトロ部品の検討(アクチュエータ、センサの選定や配置、動作、制御などの検討)
③CAD図の作成、検討
④機械仕様、日程、コストの検討

8 仕様書作成

技術者が発信する設計思想を文書化したもの

仕様書とは技術者あるいは設計者が作成する「ドキュメント」全てを指します。ここで、ドキュメントとは文書ならびに図面のことを示します。企画部門あるいは顧客からの要求内容を明確にして、製品に関わる全ての仕様を明らかにしたものです。

機械設計者は様々な関係者とコミュニケーションを重ねて、設計業務を進めていきます。この関係者のことを「ステークホルダー」と呼んでいます。具体的には、ユーザー、部品発注先などの社外関係者、企画・営業・サービス・電気設計・制御設計・製造・部品調達・品質管理・特許などの社内関係部門、許認可関係の官庁などを指します。

仕様書は、その製品がどのようなものかをはっきりさせ、設計者の設計思想をステークホルダーに理解してもらうためのものです。

仕様書の具体的内容としては、その製品の概要や能力、使用条件、機器の構成、主要部品の品番、操作方法、制御方法、使用時に想定される注意事項などを記載します。ステークホルダーがその仕様書を見れば、その設計対象物を頭にイメージできる内容とします。自分が設計した製品を正しく理解してもらって、安全に使用してもらうために、設計思想を反映させることも必要です。

また、量産に移行する段階でこの仕様書をもとに取扱説明書を作成します。そのため、仕様書作成の段階から、専門家でなくても理解できる内容で記載することが大切です。

仕様書作成で心掛けたいことは、正確でわかりやすい表現と言葉を使うことです。主語と動詞、それから5W1Hを意識して文章を書いていくとよいでしょう。技術ドキュメントなので、文学的表現や装飾は必要ありません。あくまでも簡潔で、誰が読んでも同じ意味でとらえることができる文章を心掛けましょう。

要点BOX

●仕様書は、設計者の考えを説明するためのもの
●平易で理解しやすい文章でかくことを心掛ける

仕様書はステークホルダーに理解してもらうためのもの

仕様書の作成手順(例)

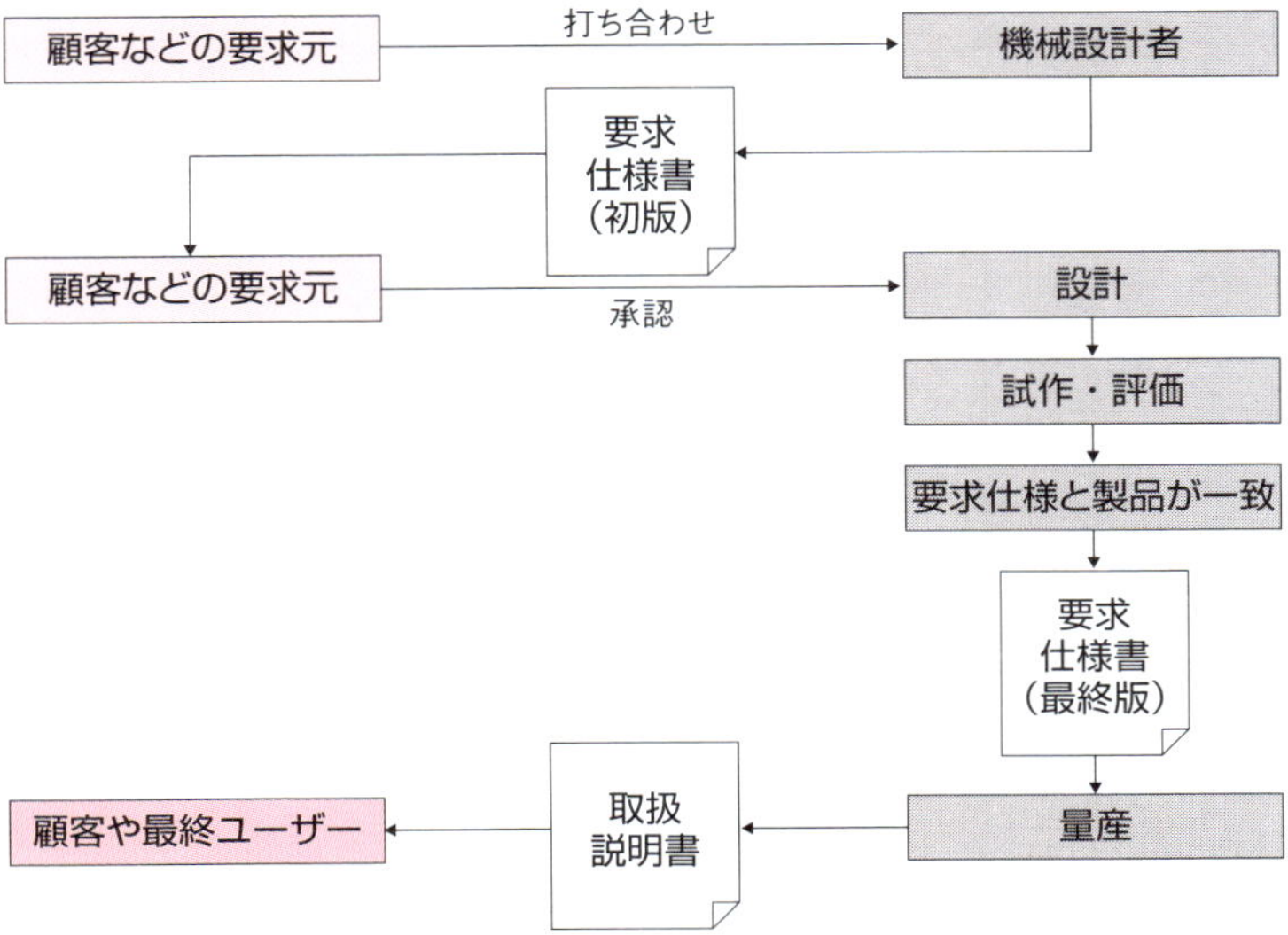

9 基本設計

製品の基本的な性能や構造を検討

基本設計は機械設計において、非常に重要な検討過程といえます。この基本設計の出来具合によって、機械の完成度の高さはもとより、トータルコストや日程に大きな影響を及ぼします。構想設計や仕様書によって明らかにされた機械の機能や性能、仕様に対して、詳細まで具体的に検討して実現可能なものにします。

基本設計によって作成する図面を本書では検討図としています。この検討図は次に挙げる内容を全て明確にしておく必要があり、これをもとに次工程の詳細設計で組立図、部品図を作成することになります。

①機械の構造や機構を実現する機械要素や機械部品の決定と配置（より具体的に寸法、精度、材質などを決定する）

②アクチュエータ（巻頭キーワード解説参照）やセンサなどのメカトロ部品の選定と配置、その配線や制御方法

③機械の剛性やバランスなどの静的強度や、加減速時の慣性や振動、騒音などの動的特性を確認する。（設計計算、解析、シミュレーション、干渉チェックなどを行う。）

④下流工程の加工や組み立て、分解方法

⑤メンテナンス方法

⑥評価基準と評価方法

これらを検討する過程で、当初の思惑が外れ、構想設計や仕様書の内容を変えなければならない場合があります。その場合はどう変えるのが最適かを十分に検討した上で、前の段階に戻って検討しなおします。この過程では、企画自体や仕様の見直しが発生するため、顧客などの要求元との話し合いを通じて、どのように折り合いをつけていくのかも非常に重要です。

最終的には検討図を完成させるとともに、仕様書も細部まで見直しを行います。

要点BOX

●設計計算や解析、シミュレーションを行う
●前段階に戻り再検討することも必要

基本設計の検討
機械構成部品の
決定と配置
強度解析
構想設計
機械仕様の
見直し
基本設計
検討図
干渉チェック
メカトロニクス
制御系の検討
組立方法
分解方法
メンテナンス方法の検討
評価方法　評価基準

10 詳細設計

部品の製作、組み立て作業を数値化する

前工程の基本設計では、製品の機能を満たすための具体的な構造や配置、主要寸法が決められました。

詳細設計では、基本設計で作成した検討図をもとに、部品の製造および組み立て作業ができるように、組立図と部品図を作成することになります。

通常組立図を完成させて、そこから全ての製作部品の部品図を作成します。部品図ができあがったらその都度組立図に再配置して、間違いがないことを確認します。なお、ねじやばねなどの標準品やセンサやモータなどの購入品は、品番のみで部品図を作成する必要はありません。またそのほか、組立に必要な情報がある場合には、その資料も提出します。

組立図は、組立工程あるいはユニットごとに作成し、主に以下の3点を記載します。

①組み立てられる全ての部品とその名称および品番、個数
②組み立て時に必要となる指示内容、および寸法や公差
③部品の一部を変形させて組み立てる場合には、その加工部分の寸法や公差

部品図に記載する内容は、主に以下の6点です。

①部品の名称
②基準面（機能や加工方法、組立作業を考慮）
③部品を製作するのに必要なすべての寸法と公差（機能や加工方法、組立作業も考慮）
④材料名やそのグレード
⑤表面粗さ
⑥表面処理（塗装も含む）や熱処理方法

組立図と部品図が決定すると、製品の性能が決まるだけでなく、製品原価や組立工数にも大きな影響を及ぼします。そのため、機械設計者は図面を完成させる上で、ＱＣＤ（巻頭キーワード解説参照）のバランスへの配慮がとても重要です。

要点BOX
●部品ごとに分解し、寸法と公差を付加する
●加工方法・組み立て作業を形状に反映する

部品図の作成

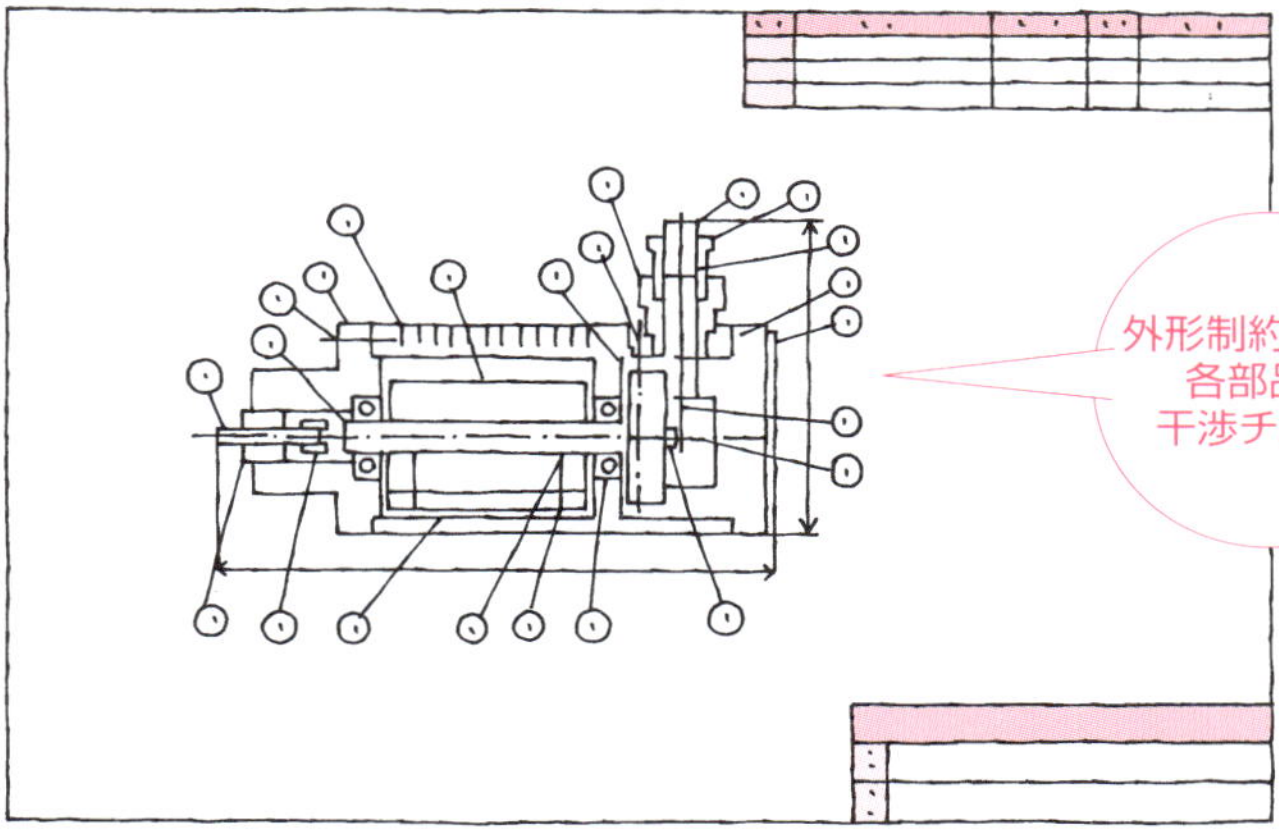

外形制約の確認
各部品の
干渉チェック

外形制約に沿った
部品形状に
仕上がっているか?

公差の範囲内で
干渉しないか?
最悪公差の
組み合わせで
機能するか?

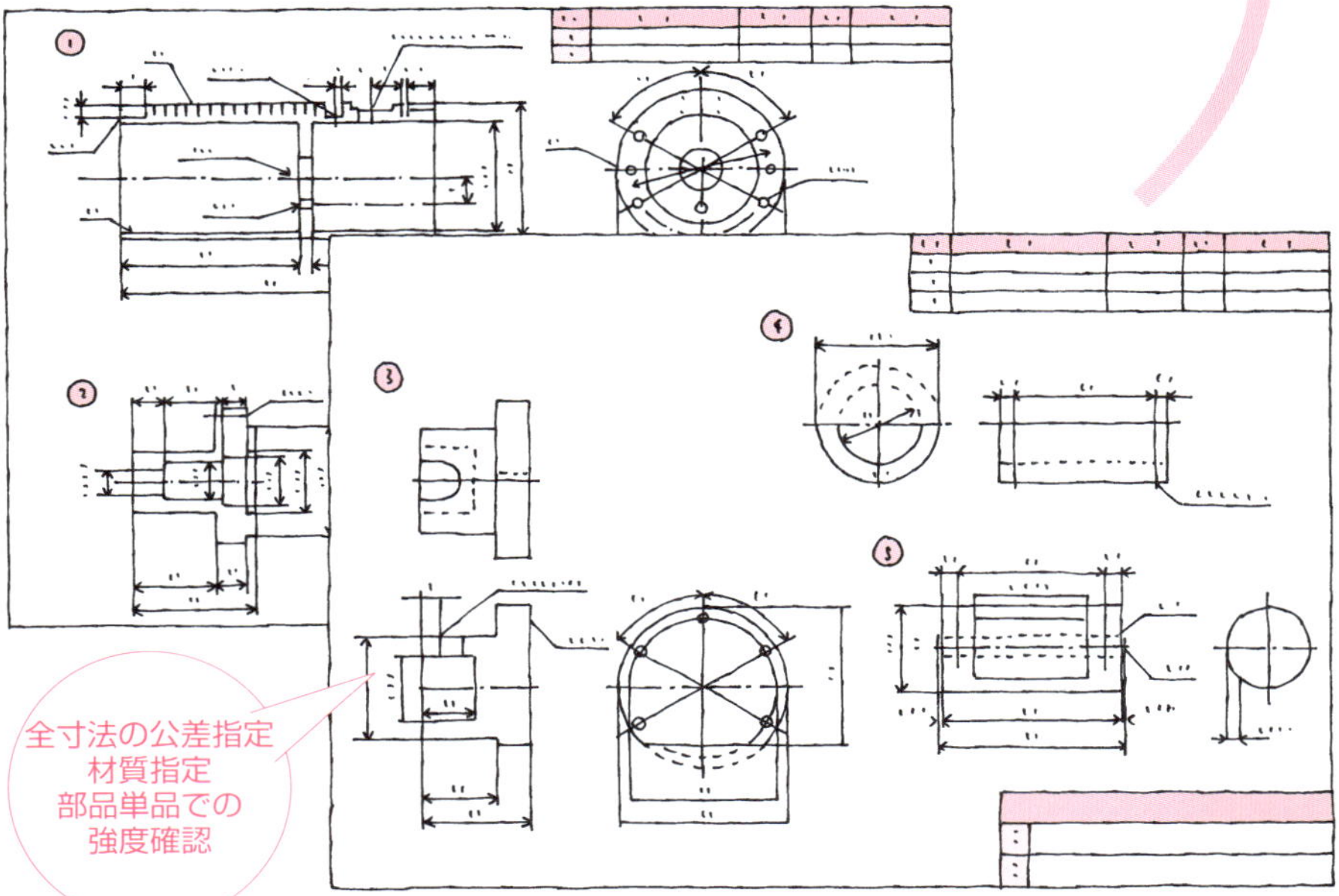

全寸法の公差指定
材質指定
部品単品での
強度確認

11 デザインレビュー

設計の後戻りやトラブルを未然に防ぐ活動

デザインレビュー（DR：Design Review）を「設計審査」といいます。設計者とそれ以外の部門、例えば、製造部門、営業部門、品質保証部門などの専門家や責任者が集まります。そして、それぞれの立場から品質を評価したり、製造上のトラブルを予見したりしながら設計不適合を発見し、必要だと思われる処置を提案します。具体的には、「品質に関する審査」と「製造に関する審査」とに大別されて議論が行われます。デザインレビューを行う主な目的は以下の三つです。

①設計上のトラブルを早い段階で発見すること
②トラブルの対策を講じることで、設計の後戻りやトラブルを未然に防ぐこと
③品質を確保し、業務の効率を高めること

デザインレビューで重要なことは、設計でのトラブルを後工程に流さないことです。したがって、的確な指摘や判断ができる知識と経験のあるベテラン者がレビュアー（審査員）となる必要があります。ベテランの厳しい目で、設計上に起こりそうなトラブルの芽を事前に摘み取っておくことで、品質不良や事故、納期遅れなどのあらゆる問題を防止するように努めます。

デザインレビューの開催時期は、一般的に、構想設計、基本設計、詳細設計、試作・評価など各工程の後や企画段階、構想段階、試作段階、量産試作段階など、段階毎の節目で行います。特に新規の設計では少数の関係者のみを集めたデザインレビューを頻繁に行う必要があります。

設計者は、デザインレビューで指摘された内容や問題に対して、具体的な対策や修正を施さなければなりません。そうして、審査員全員の承諾が得られた時点で次の工程へと進むことができます。このような活動を行うことで、設計の後戻りやトラブルを防ぐだけでなく、組織全体を活性化しようという狙いがデザインレビューなのです。

要点BOX

●設計のトラブルを早い段階で発見し、未然に防ぐ
●品質を確保し、業務の効率を高める

デザインレビュー（DR）とは

	デザインレビュー	テスト検証	妥当性
定義 ISO9000	疑わしいところはないか?	基準に合った結果か?	うまく機能するか?
	よりよい製品を目指して設計についての適切性・妥当性・有効性を客観的に判断し、改善を図ること。	成果物を実際にテストすることによって、要求仕様を満たしているかどうかを明らかにすること。	製品やデータなどの証拠を提示して、特定の意図された用途、または要求事項を満たしているかどうかを確認し合うこと。
目的 ISO9001	(a)設計が要求仕様を満たしていることを、各専門家の目線で評価。 (b)設計の懐疑点や不適合部に対して、設計者は処置方法を書類で提出。	設計開発を行う中でのアウトプットと設計開発時に与えられたインプットを比較して、要求が満たされているかどうかを担当技術者間同士で確実にする。	基準に関係なく、結果として得られる製品が指定された用途、または用途に応じた要求事項を満たしているかなど、設計の妥当性を検証する。
判定	(a)および(b)の結果を製品にフィードバックしたり、次期の設計に生かす。	試作品を測定、評価して仕様書を満足しているかどうかを判断する。たとえば、駆動系部品の耐久性やスペック、性能などをチェックする	試作品を顧客と同じ使用条件で評価し、満足しているかを判断する。たとえば、使いやすさやメンテナンス性などについてチェックする
審査メンバー	設計、製造、検査、運用など各部門の専門家	担当技術者	製品に関わる関係者

〜検証事項〜

機能／性能／安全性／信頼性／操作性／デザイン／生産性／保全性／廃棄性／メンテナンス性
コスト／法令・規制／納期　など

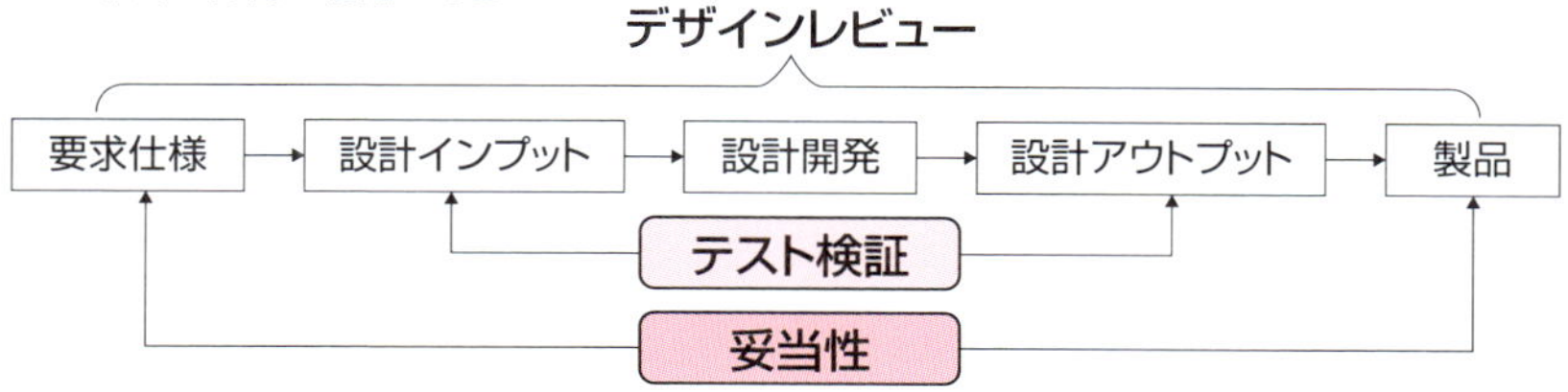

西田麻美著　「メカトロニクス The 設計・開発プロジェクトツアー」より転載

12 部品表作成―手配

機械の完成に必要な部品は全て部品表に記載

組立図と部品図の作成が完了したら、それらをもとに実際に部品を手配するための部品表を作成します。

この部品表をもとに、製作品や購入品の手配が行われるため、機械の完成に必要な部品は全て部品表に記載する必要があります。部品表をもとに全ての部品が手配されて、部品集荷後組み立てを行い、評価、試運転後に機械が完成します。そのため、部品表に記載された情報をもとに、機械の完成時期や機械の原価、重量などを知ることができます。

部品表に記載される内容は主に次のことが挙げられます。

・製作品：部品番号、部品名、材質、処理方法、重量、手配先名、個数など

・購入品：部品番号、部品名、品番、購入先名、個数など

部品表の出図はシステム上で自動的に行われるようになっていることが多いですが、その内容を考えて決め、実際に入力するのは機械設計の重要な業務です。作成した部品表に間違いがないか細部まで十分にチェックして、必要な部品は全て網羅してあることを確認します。間違いや不足があった場合は、機械完成の日程に大きな影響を及ぼすことになってしまいます。

組立図、部品図、部品表の情報をもとに、作業指示書が作成されます。作業指示書は必ずしも機械設計者が作成するものではなく、生産管理部門が作成するのが一般的です。作業指示書によって、製作品や購入品の部品集荷時期や組み立ての順序と日数、評価や動作確認などの日程が示されて、最終的な製品完成時期が明記されます。

要点BOX

●部品表の間違いがないかを細部までチェック
●作業指示書によって最終的な機械完成時期を明記

部品表の最終チェック

まずは製作品の
材質や処理方法
などに間違いは
ないかな…
購入品も型式なども
間違いないかな…
個数の過不足は
ないかな…
よし!
部品表チェック完了!
いよいよ出図か…

作業指示書の内容を確認

1
2
3
4
結構今回も
日程が厳しいな…
早めにこの治具を
手配しておかないと…
この日までに部品が
全て集荷されるのか…
そして、この日までに
組立完成かぁ…

13 検査、組み立て

検査後の部品を組立図通りに組み立てる

部品表を出図すると、部品が入荷されてきます。それらの部品の個数を確認したり、図面通りにできているかどうかを確認する作業を「受け入れ検査」といいます。通常、品質管理に関わる部署で、品質、形状、外観、寸法などを確認します。不適合がある場合は、修正や再手配を行います。納期短縮やコスト削減のため、設計者に確認して問題ない場合は、特別に受け入れ可能にする場合もあります。

受け入れ検査自体は機械設計者が行うものではありませんが、機械設計者も自分が描いた図面を実際にどうやって確認するのか知っている必要があります。当然、実際に形状、寸法の確認をすることができない部品を設計してはいけません。

部品の入荷が完了すると、製造部門にて組立図通りに部品を組み立てて製品を完成します。組立図どおりに組むことができない場合、その原因を追究することになります。部品図の寸法が間違っている、他の部品と干渉する、組み立てることができないなど、機械設計にその原因がある場合は、機械設計者が対処します。

この段階での修正は、機械完成の納期やコストに多大な影響を及ぼします。そのため、組立図、部品図の作成には細心の注意を払い、間違いがないものを出図することが重要です。

機械設計時は、組み立て手順や組み立て方法をよく理解して、組み立て可能なことはもとより、少しでも組み立てしやすくなるように考える必要があります。

そのほか、組み立てには、精度や動作を確認する作業も含まれます。これらは機械の仕上がりに直接関係してくるため、非常に重要な作業になります。機械設計時にはここでの調整、確認方法も含めて、具体的に実現可能な検討をしておくことが大切です。

要点BOX
- ●部品の検査方法を理解する
- ●組み立て可能で組み立てやすくする

検査作業

受け入れ検査時に使用する代表的な測定器具

・長さの測定:モノサシ、ノギス、マイクロメータ、ハイトゲージ、ダイヤルゲージ
・角度の測定:角度定規、水準器、角度ブロックゲージ、サインバー、オートコリメータ
・寸法公差、形状の測定:スキマゲージ、ブロックゲージ、三次元測定器
・外観、表面の確認:目視、光学顕微鏡、触針式・光波干渉式・光切断式表面粗さ測定器

組立作業

組み立て時に使用する代表的な工具

ハンマー、カッター、ドライバー、モンキーレンチ、レンチ、スパナ、ニッパー、ペンチ、プライヤ、ピンセット、ストリッパー、圧着工具、やすり、砥石、ポンチ、リーマ、電動ドリル、グラインダ、ジグソー、リューター

14 試作、評価

機械設計の適正さを検証する

新しい試みをしたり、前例のない製品を製作する場合は、いきなり量産しないで試作品を数台製作して評価します。適正な評価を行うことによって、仕様通りの製品ができているかどうかがわかります。評価で明らかになった課題を分析して対策を行うことで、不適合が少ない製品に仕上がります。

製品が要求仕様を満たしているかどうかを確認するために、製品だけでなく部品や素材について評価基準を定めます。

評価基準はできる限り定量的に考えます。そして、それを確認するために、どのような評価方法にするかを決めます。

実際に評価する方法は、大きく以下の三つに分類できます。

①試験片を用いた方法
②デジタルプロトタイピングによる方法
③実機で評価する方法

まず①の試験片を用いた方法では、金属や樹脂などで試験片を作製し、引っ張り・曲げ・圧縮・せん断・捻回強度や硬さなどの機械的特性を測定します。測定には、万能試験機や硬度計が用いられます。この評価結果で、材質のもつ特性を比較することができます。

②のデジタルプロトタイピングは、3次元CADなどのツールを活用することで、実物を製作することなく、機械設計の適正さを検証します。機械部品の応力解析による強度計算、熱解析による温度分布計算、モーション解析による干渉チェックや軌跡精度など、さまざまな解析手法があります。

③の実機で評価する方法では、試作品を作製して、上述の各種機械的特性を測定します。さらに、連続動作による疲労や摩耗などの耐久性や、振動や衝撃に対する耐性、さらに高温高湿や低温低湿などの環境下での耐久性を評価します。

要点BOX

- ●試験片で材料物性を評価する
- ●解析で基本設計・詳細設計を評価する
- ●実機で耐久性を評価する

評価する方法

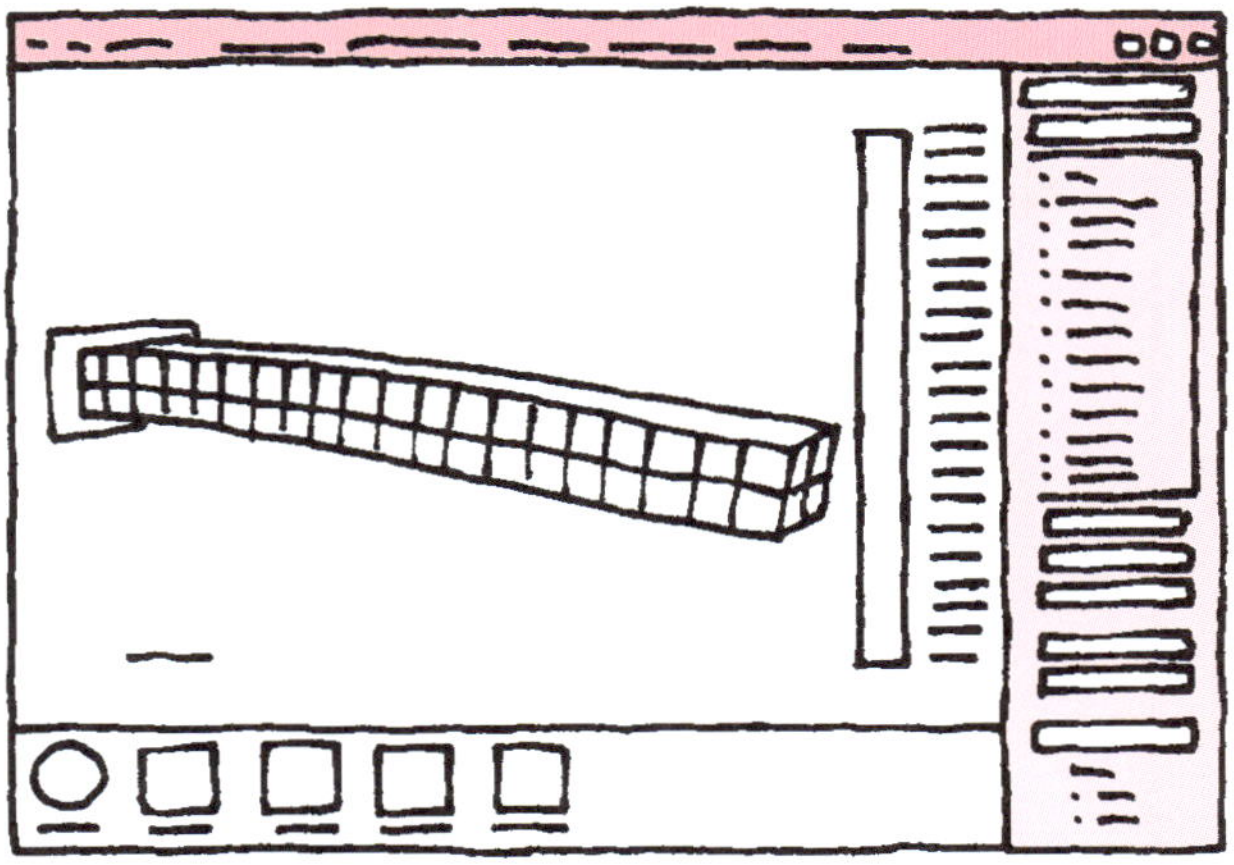

応力集中点の確認
最大応力と材料物性との比較による破壊耐性の確認

CAE（応力解析など）

金属や樹脂の機械的特性を測定
応力ひずみ線図

万能試験機（材料物性試験機）

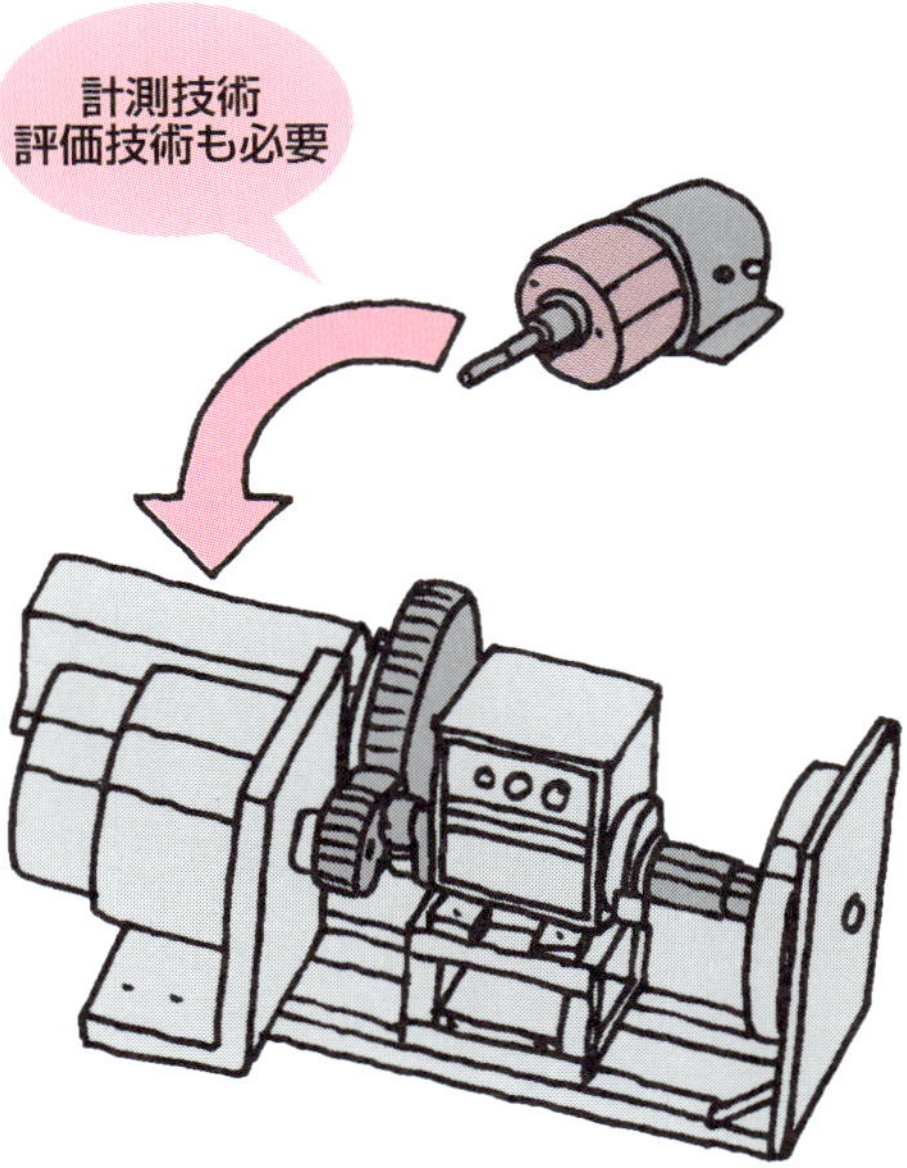

実環境の模擬評価／耐久性の評価／
実負荷試験／過負荷試験

実機評価（試作品を用いて）

Column

機能と品質について

皆さんも会社の中で、「できる限り機能を絞りなさい」とか、「品質を作り込みなさい」とか言われていると思いますが、この機能とか品質だとかは一体何でしょうか? よく使われている言葉のわりには、理解が難しいのではと思います。

機能とは、物の働きや役割、作用のことです。機能は〝名詞〟＋〝動詞〟で表現することができます。例えば、ボールペンの機能は「筆跡を残す」です。「文字を書く」でも一見よさそうですが、この文の主語は私やあなたなど人称が主語になってしまうので、正しくボールペンの機能を表現しているとはいえません。また、物だけではなく、サービス業でも同じように機能を定義することができます。レストランの機能と聞かれれば「料理を提供する」です。また、機械設計の機能と聞かれれば、「機械仕様を図示、確定して、完成品を認証する」となります。物の機能を表現する練習は、本質を見極めるよいトレーニングです。ぜひ皆さんも、身の回りの物や自分の業務の機能を表現してみて下さい。

次に品質ですが、品質とは物やサービスの機能の働き具合を決定するために、評価対象となる性質や性能のことです。ボールペンの品質と聞かれれば、「インクの耐用時間」、「持ちやすさ」、「文字の太さや色」、「環境への配慮」、「販売金額」などが該当し、レストランでは、「味」、「利便性」、「従業員の態度」、「清潔度」、「店の雰囲気」などです。顧客の要求や欲求を把握した上で、必要とされる品質要素を挙げて、それぞれの品質要素に求められるレベルを決定していく作業が、品質の作り込みです。

品質には、結果品質と過程品質とがあります。結果品質は、文字通り成果物に対する品質であり、ボールペンでいえば、インクが長持ちする、安いなどです。過程品質の方は、製造業ではわかりにくいのですが、成果物を出す過程での品質です。レストランでは、料理の味はまさに結果品質ですが、食事を待っている間の従業員の態度や店の雰囲気などは、過程品質に当たります。最近で厨房をガラス張りにして、調理しているところを見せているレストランもありますが、これも調理中の清潔さや手順を顧客に見せることで、過程品質を向上させた例です。今後、自社製品を差別化していくために、製造業でもこの過程品質をいかに顧客にアピールしていけるかが大切です。

第3章

機械設計に必要な基礎知識

15 材料力学

材料に発生する応力や変位を求める学問

材料力学は、材料に働くさまざまな力によって発生する応力や変位を、公式を用いることで計算して値を求める学問です。機械設計をする上で、材料力学の知識はなくてはならない非常に大切なものです。

しかし、材料力学はあまり好まれる学問とはいえません。その原因としては…公式の導き出し方が難しい。公式を覚えられない。形状によって公式が異なり、どれを使ったらよいかわからない。などなど…一見確かにその通りです。

実際に機械設計をする過程では、材料力学の公式を暗記したり、公式の導き方を説明したりする必要はありません。また、材料力学の公式は角柱などの単純なモデルが対象ですが、実際に機械設計を行う対象は複雑な形状であるため、そのまま公式にあてはめて計算することはありません。

複雑な形状や力のかかり方を、いかに単純なモデルに置き換えて検討するかが重要になります。どういうときに、どうやって、どの公式を使うのかが、機械設計をする上で求められます。そのためには、材料力学の基本的な知識を習得し、さまざまなケースの検討を経験することが大切です。

しかし、実際に設計したものを材料力学の公式にあてはまる単純なモデルにすることは難しく、モデル化して計算してもその値がどれだけの信頼性があるかわかりません。

そのため、すでに実用している実績のあるものをモデル化して求めた値と、新規設計したものを同様にモデル化して求めた値とを比較して、使用上問題ないかを判断する目安とします。

比較できる「実績がある」ものがなかったり、単純なモデル化が難しかったり、もっと精度よく検証したい場合には、CAE(Computer Aided Engineering)などのコンピュータを使用した解析を行うようにしましょう。

要点BOX

- ●実績のあるものと比較検討する
- ●コンピュータで高精度な解析を行う

材料の機械的性質を表す“応力ーひずみ”線図

下図はJIS Z2201に規定された軟鋼の材料引張試験片を、材料試験機に取りつけ引張荷重を加えて得られた“荷重ー変位”線図を“応力ーひずみ”線図に変換したものです。

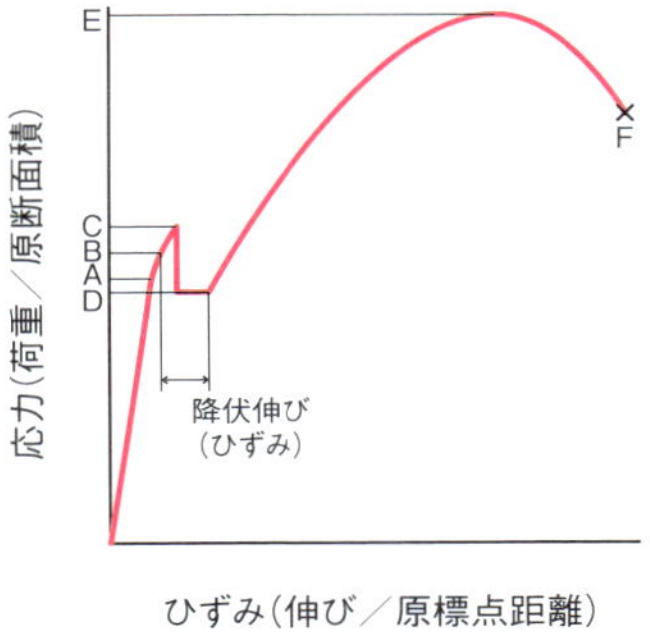

A. 比例限度	フックの弾性法則が成り立つ
B. 弾性限度	弾性変形の限界
C. 上降伏点	応力除去してもひずみが残る
D. 下降伏点	塑性変形が進展
E. 引張強さ	材料の最大引張応力
F. 破断点	材料が引き裂かれる

“はり”の簡単な応用例

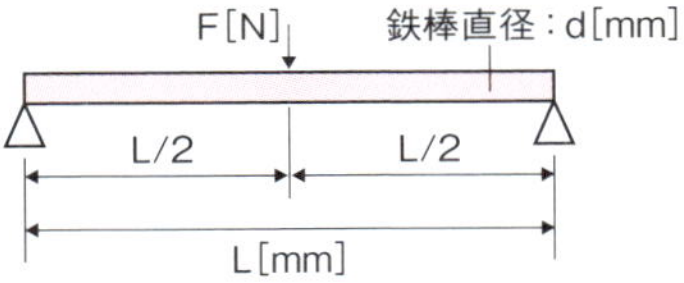

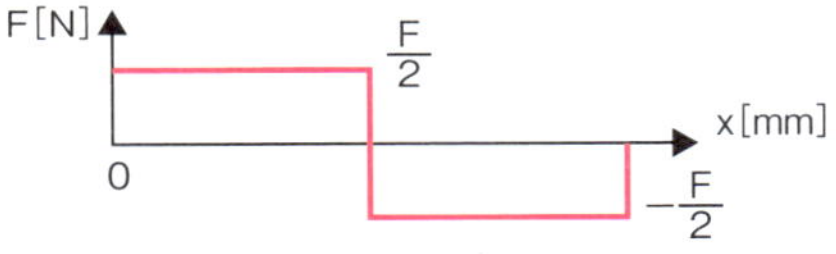

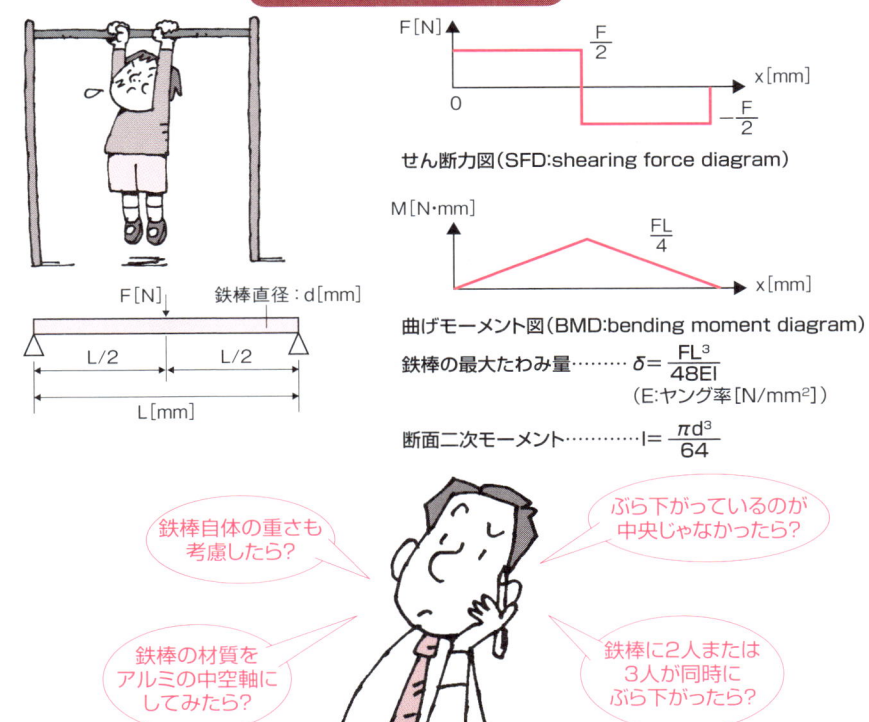

せん断力図（SFD:shearing force diagram）

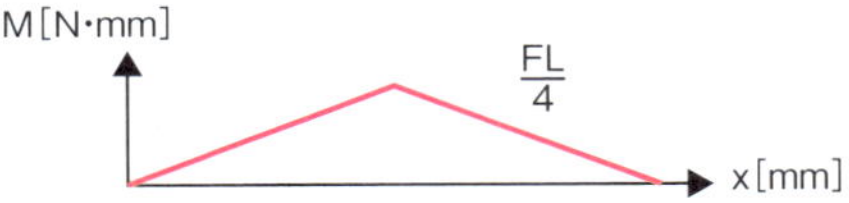

曲げモーメント図（BMD:bending moment diagram）

鉄棒の最大たわみ量………$\delta=\frac{FL^3}{48EI}$
（E:ヤング率[N/mm²]）

断面二次モーメント…………$I=\frac{\pi d^3}{64}$

16 機械力学・制御

剛体の理論を学び、それを制御する学問

機械設計の中で、動きを伴う部品を設計するときに、機械力学・制御の知識が必要になります。高校物理では、運動・力・仕事・力学的エネルギー・波に相当します。

高校物理と機械力学とで大きく異なっている点は、剛体が前提となることです。剛体と質点の違いは次のとおりです。

・剛体：大きさをもち、微小要素それぞれに質量があるもの。

・質点：大きさがなく、全体の質量を1点に集中させたと仮定したもの。

例えば、自転車で坂を下るとき、摩擦がないと仮定すると、位置エネルギーが運動エネルギーに変換されますので、自転車の速度を計算できます。これが質点の物理です。大まかな動きを考えるときに適した考え方です。

一方、同じ自転車の例で、車輪の回転軸となる軸受けを設計するとき、軸の大きさや回転の速さ、車輪の重さなどの具体的な状態を前提として、回転摩擦を低減する形状などを決めていきます。これが剛体の物理であり、力のモーメントを考える機械力学です。より実際の動きを考慮した考え方です。

さらに、下り坂ではスピードが出すぎないようにブレーキをかけて調節します。これを制御的に言い換えると、目標値の変化（どんどん加速）を検出して、操作量を変える（ブレーキを握る）ことで制御量（自転車速度）を一定に保つ、となります。

この操作量と制御量という入出力の関係を調べ、制御量を目標値に保たせようとするのが制御の考え方です。自動制御では、状態を検出するセンサ、操作量を決定のための演算をするコントローラ、実際に操作するアクチュエータ（巻頭キーワード解説参照）の三つに分類できます。

要点BOX

- ●質点物理は機械設計に十分役立つ
- ●動きを伴う部品設計には剛体物理が必要
- ●制御は、検出・演算・操作からなる

質点と剛体の違い

質点には大きさがない
（形がない）

剛体には大きさがある
（形がある）

質点と剛体の運動

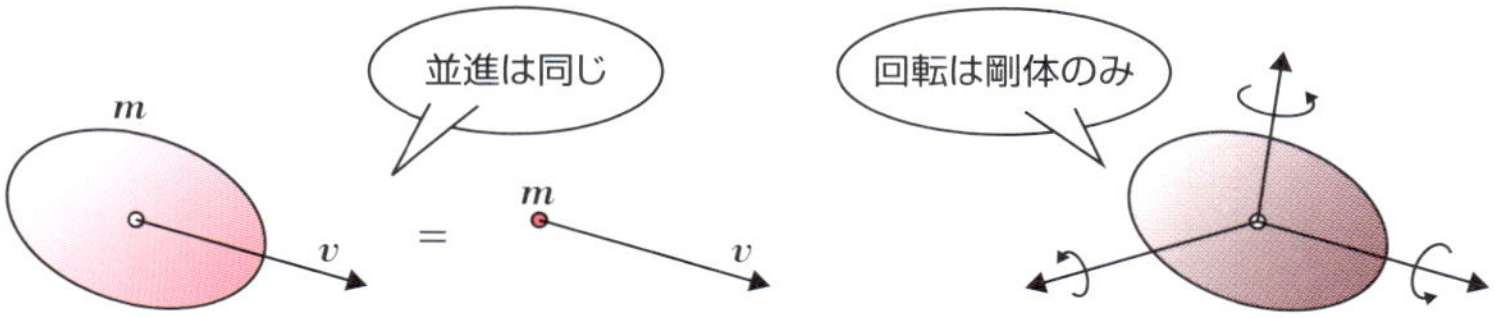

剛体の並進運動は、
質点の運動に置き換えられる

剛体が自由に回転しているとき、
回転軸は重心を通る

並進の運動方程式

$$m\,dv/dt = F$$

質量：m　速度：v　力：F

回転の運動方程式

$$I\,d\omega/dt = N$$

慣性モーメント：I　角速度：ω　トルク：N

制御と3要素

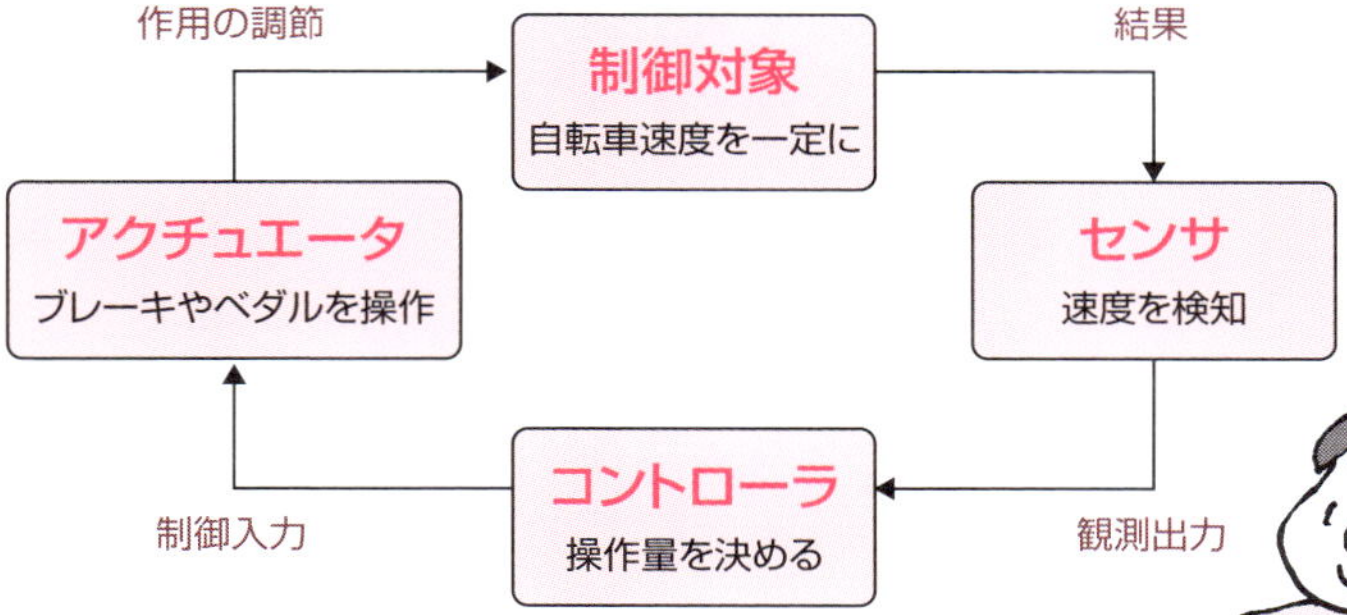

17 流体工学

流れ現象を解析する学問

流体工学は流れ現象を解析して、流体に作用する力の平衡や運動を取り扱う学問です。

流体の性質を表す指標の一つに粘度（粘性係数）という言葉があります。これは、流体の粘り度を示しており、この数値が大きいほど流れ難くなります。液体では温度が高くなると粘度は減少し、気体では増加していきます。これは、分子の凝集力の作用の結果です。

粘度には動粘度というものもあります。これは粘度を流体の密度で割ったものですが、流体の慣性力に対する粘度の比を示しており、流体自身の流れやすさを示しているといえます。

流体の流れの状況を比較するための数値としてレイノルズ数があります。レイノルズ数が大きくなれば流れの乱れは大きくなります。層流から乱流に移る領域は臨界レイノルズ数と呼ばれ、２３２０以下であれば層流となり粘性によって乱れが消失し、２３２０以上だと乱流となり慣性力が大きくなり乱れが増幅します。

連続の式は流体工学における質量保存則で、ナビア・ストークスの方程式は運動方程式に相当します。連続の式とナビア・ストークスの方程式を、ある境界条件で解けば、流線や圧力・速度分布を求めることができ、設計に活用することができます。実際には特別な場合を除いて、この方程式を数学的には解くことができないので、差分法や有限要素法によるコンピュータ解析（ＣＦＤ（巻頭キーワード解説参照））を行っていくことになります。

ベルヌーイの定理は、流体におけるエネルギー保存則に相当し、運動エネルギー、圧力エネルギーと位置エネルギーの和が一定であることを示しています。ただし、この式は流線に沿って成り立つ式であり、摩擦などによるエネルギー損出を無視した非圧縮性流体かつ非粘性流体であることが前提です。

要点BOX

- 臨界レイノズル数の前後で流れの状況は一変!
- ベルヌーイの定理は、流体におけるエネルギー保存則

連続の式とは

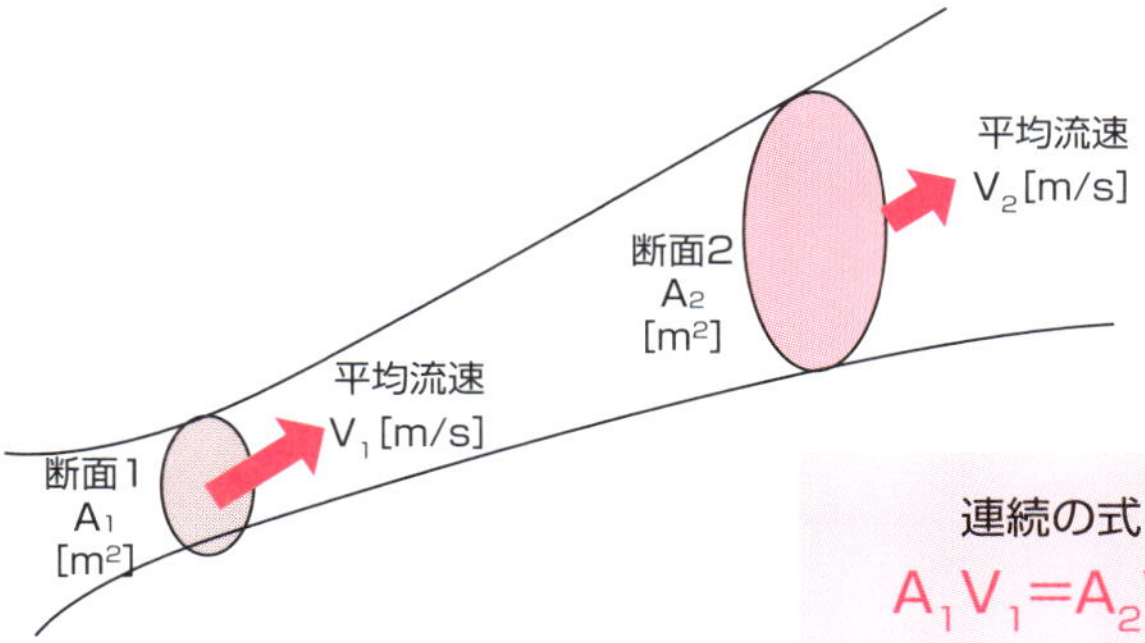

連続の式

$$A_1V_1=A_2V_2$$

ベルヌーイの定理とは

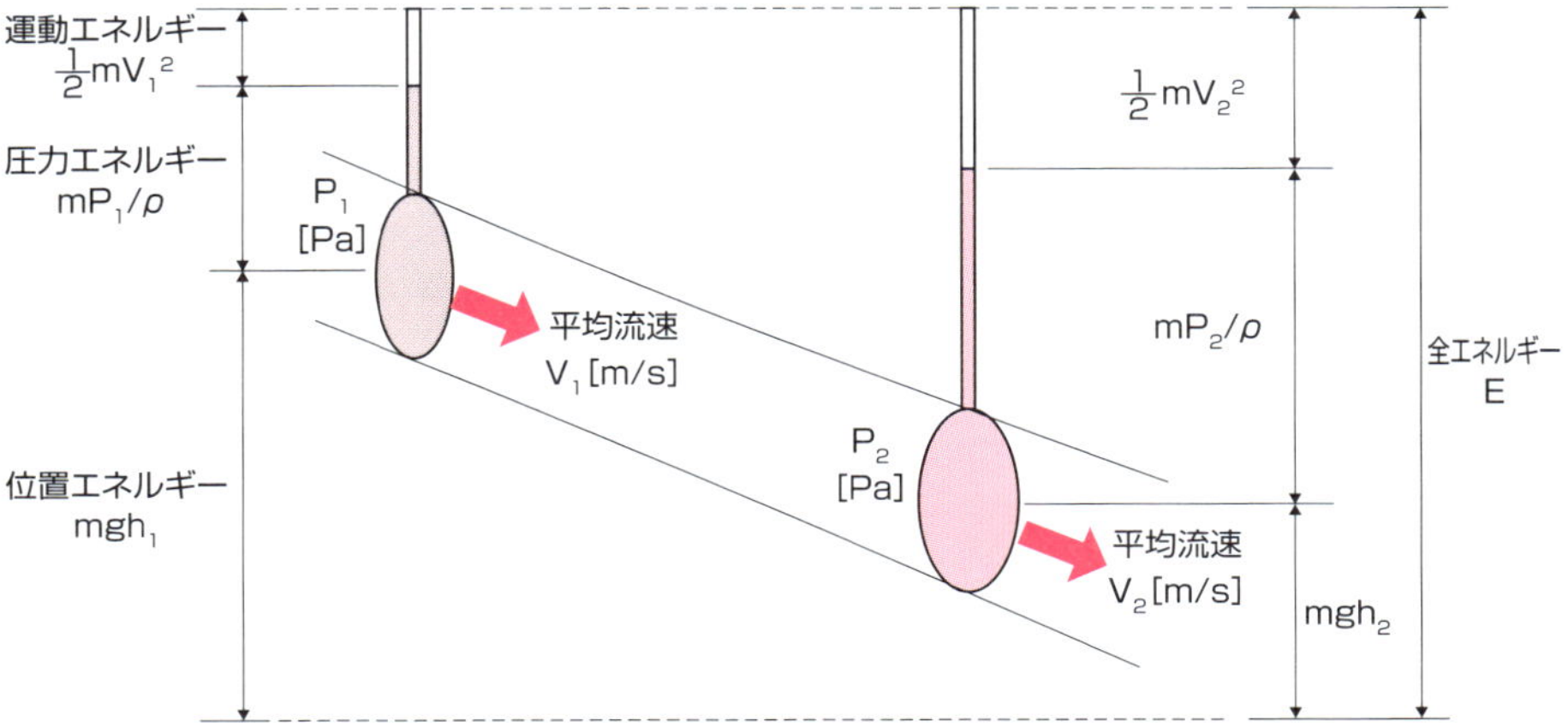

運動エネルギー+圧力エネルギー+位置エネルギー ＝ 一定

18 熱工学

エネルギー有効利用を探求する学問

エネルギーを有効に利用するためにはどうしたらよいのでしょうか？私たちの身の回りに起こる現象を温度や熱という観点から取り扱って、体系化した学問が熱力学です。

熱力学は第ゼロ法則から第3法則までの四つの基本原理の上に学問体系が築かれています。熱は機械設計者から見ると目に見えなくて、とっつき難い学問かもしれません。しかし、限られたエネルギーをどのように効率的に使っていくのか、設計段階から考えておくことは機械設計者の使命ともいえるでしょう。熱力学の応用としては、蒸気の有効利用、熱機関のサイクル論に基づく熱効率向上、伝熱、燃焼などが挙げられます。

ここでは多くの機械設計者が直面する伝熱問題について、簡単に解説します。伝熱工学は熱の移動現象を扱った学問です。伝熱には熱伝導、対流熱伝達、熱放射の三つの現象があり、実際には単独で伝熱を行っていることはまれで、3現象あるいは2現象が共存しているのが一般的です。伝熱の機械工学的な応用例としては、熱交換器の設計や保温・保冷材の厚み計算などがあります。

熱交換器の設計では、伝熱面積を求めることが最終的な目標になります。この伝熱面積は必要交換熱量と総括伝熱係数、対数平均温度差がわかれば計算で求めることができます。

必要交換熱量と対数平均温度差は、その熱交換器の使用条件から決めることができますが、総括伝熱係数を正確に算出することは一般的に困難です。

総括伝熱係数は、熱伝導と対流熱伝達の組み合わせから決まってきます。実験式や経験式も報告されていますが、過去のデータの蓄積や設計者の経験が必要になります。

要点BOX

- 熱力学は温度や熱をテーマにしている
- 効率的なエネルギー利用や省エネルギーは設計段階から計画する

熱力学の四つの法則

第ゼロ法則	“二つの物体AとBの温度を同じ温度計で測定した時に、温度計の値が同じならば物体AとBの温度は等しい”という。
第1法則	熱と仕事はともにエネルギーの一つであり、互いに変換が可能である。すなわち、エネルギー保存則が成立するため、エネルギーを補給しないで永久に働き続ける機関(これを第1種の永久機関と呼ぶ)の実現は不可能である。
第2法則	熱と仕事の相互の変化には、一定の方向性がある。例えば、熱は温度の高いところから低いところへ流れるが、逆方向には流れない。もらった熱をすべて仕事に換えつつも元の状態に戻り繰り返し運転でき、低温源を必要としない機関(これを第2種の永久機関と呼ぶ)の実現は不可能である。
第3法則	物体の温度は絶対零度以下には下がらない。

三つの伝熱現象

熱伝導	同じ物質内またはお互いの接している物体間に温度差がある場合は、熱は温度の高いところから低いところへ流れる現象。分子の熱運動が周囲の分子にもそのエネルギーを与えることで熱が伝わる。
対流熱伝達	固体表面とこれと接する移動する流体との間で行われる熱移動現象。実際の熱交換器などの設計ではこの熱伝達が支配的になってくる。
熱放射	電磁波により伝熱現象。熱を伝える物質が無くても熱が伝わる、例えば、太陽のエネルギーは真空でも地球に到達して温めてくれる。

熱交換器の伝熱の一般式と総括伝熱係数の例

伝熱の一般式

$$Q=AU\Delta T$$

ここで、
交換熱量 Q[W]
伝熱面積 A[m²]
総括伝熱係数 U[W/(m²·K)]
対数平均温度差 ΔT[K]

系	統括伝熱係数 [W/(m²·K)]
水ー水	85～140
燃料油ー水	1100～1400
有機溶剤ー水	110～280
圧縮空気ー水	230～450
大気中の空気ー水	85～140
アンモニア(空冷式)	620
フレオン12	400
エンジンのジャケット用水	710

対数平均温度差

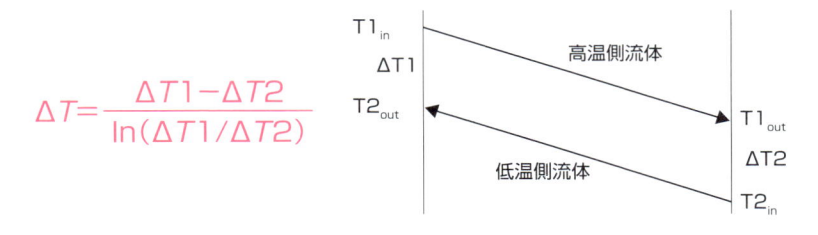

$$\Delta T=\frac{\Delta T1-\Delta T2}{\ln(\Delta T1/\Delta T2)}$$

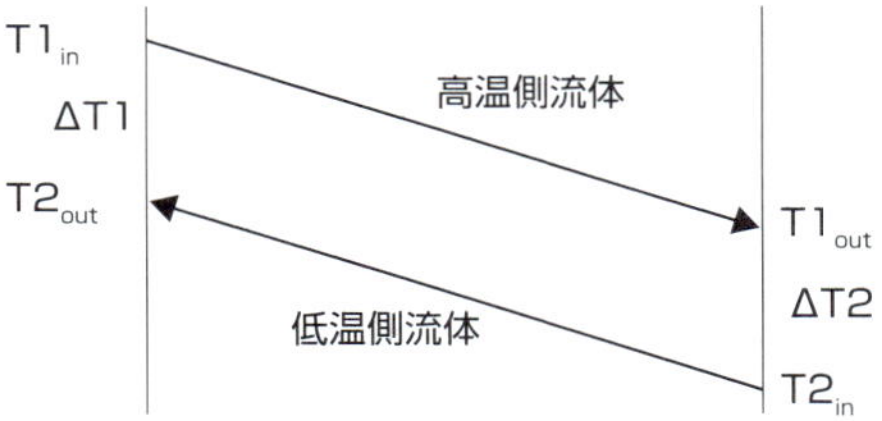

19 機械材料・工業素材

材料を選定する際の心構え

機械で用いられる材料はさまざまであり、その特徴も千差万別です。材料分野の発展は目覚しく、JIS規格で制定されているもの以外に各専門メーカーが独自に開発し商品化している材料も豊富にあります。万が一、設計者が材料選定を誤れば、機械の不具合が発生し、大きな事故を発生する恐れがあるため、材料選定には細心の注意を払わなければなりません。とはいえ、今日では新素材がどんどん開発され、幅広い材料の中から「これだ」と思うものを選定するときに、どの材料を選べばよいのか?と設計者を悩ませることもしばしばあります。

　また、材料の組み合わせによっては、剥離などの経年劣化が発生することもあるため、経験的なノウハウを求められる場合もあります。これには、日頃から多くの専門メーカーと接触したり、文献、雑誌、展示会、講習会などで幅広く最新の情報を収集することが大事です。また設計者は、事前に以下に列記するような、材料を選定する際に最低限必要な基礎知識について理解する必要があります。

①機械的特性（強度・剛性・弾性・じん性・重量・比強度・比剛性・摩耗性・寿命など）
②電気的特性（電気伝導性・帯電性・磁性など）
③熱特性（耐熱性・熱伝導性・断熱性・体積膨張性・変態点・寸法安定性（線膨張係数）など）
④環境特性（耐熱性・耐寒性・耐腐食性・粉塵／有害物質性・リサイクル性など）
⑤加工特性（切削性・鋳造性・鍛造性、溶接性・接着性、表面処理性（めっき・塗装）など）
⑥コスト（素材自体の値段・加工費・品質安定性・入手性）
⑦その他（経年特性・磁化特性・反射／透過性・色）

　材料選定時の答えは一つとは限りません。材料を選ぶ際には材料の持つ固有の値を比較したり、数値に置き換えて適切なものを選定しましょう。

要点BOX

●材料選定の重要性・材料の特性を知る
●最新の材料情報を幅広く収集する

主な工業材料

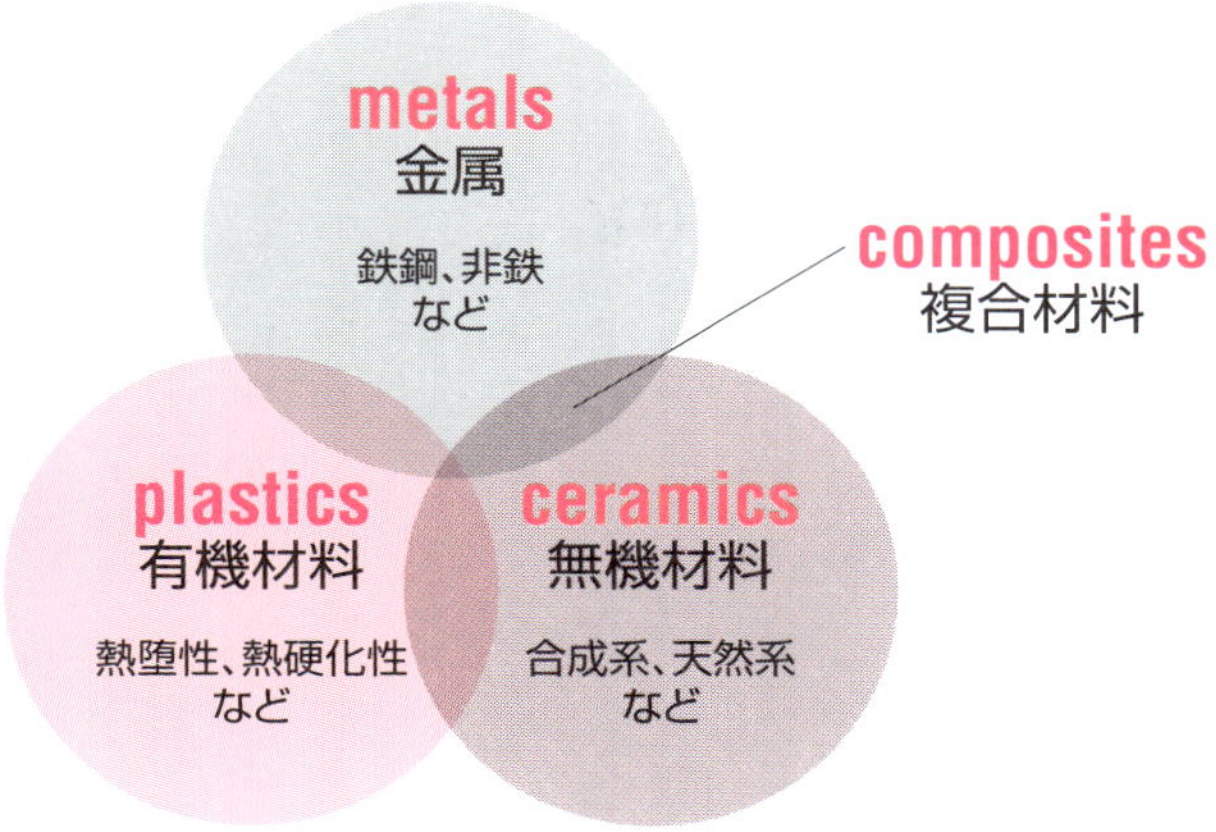

機械設計で使う材料

金属		非金属		
鉄鋼	**非鉄金属**	**無機化学物**	**有機化学物**	**複合材料**
鋼(スチール) 工具鋼 炭素鋼 含鉄合金 鋳鉄 ステンレス	アルミニウム ニッケル マグネシウム チタン 銅 およびこれらの合金	セラミックス	プラスチック ・熱可塑性樹脂 ・熱硬化性樹脂 ゴム (天然ゴム) (合成ゴム)	エンジニアリングプラスチック 繊維強化プラスチック(FRP) ・ガラス繊維 ・炭素繊維など 繊維強化金属(FRM) 繊維強化セラミックス (FRC) 金属基複合材(MMC) 炭素繊維強化炭素複合材料(C/C)
強くて硬いものが多く、割れにくい。 一番汎用性の高い材料。熱処理によって硬く、強くできる。ただし、錆びに弱く重い。安くて強いものであれば良いとなれば鉄系を選定するとよい。	加工性、入手性が良く、耐熱性、耐食性、流通性もよいため、 機械設計において最もよく使用される。 鉄鋼と比較して軽いのが特徴。	硬くて熱に強いが割れやすい。 急激な温度差を与えると割れる。 化学的に安定な材料なので、腐食や耐薬品性に優れる。 それと同時に、電気や熱伝導性は悪くなる。 加工性はよくない。	軽くて変形しやすい物が多い。 絶縁性がある。 強度や耐熱性はあまり望めない。 また、太陽光など紫外線にあて続けると劣化する。 プラスチックなら加工性はよい。	金属やプラスチック、セラミックスなど二種類以上の材料を組み合わせ、素材のもつそれぞれの特性を生かし単独では得られなかった機能、性能を持たせた材料。板材・棒材・発泡材などを加工・変形し接着・溶接・圧延接合したもの等、さまざまなものがある。

20 表面処理

素材の表面に別の性質を付与する

機械設計では、ひとつの部品にふたつ以上の機能をもたせることがあります。例えば、車のエンジンでは、構造材として外形を維持しながら、その一部が摺動部になっています。このような場合、両方の機能をもつ材料を選択する方法のほかに、比較的安価な構造材を選択しておき、摺動性が必要な部分にのみ「表面処理」を施すという方法があります。

表面処理とは「素材の表面にさまざまな性質を付与するための材料処理」のことです。例えば、耐摩耗性・潤滑性・耐食性・耐熱性・断熱性・導電性などの性質を向上させることができます。金属表面の酸化を抑えるために施される「めっき」や、金属表面の硬度を高くする「浸炭」なども表面処理の一種です。

表面処理は、方法によって処理される面が決まります。無電解めっきのように液中に浸漬させるものは全面が処理されますし、蒸着の場合では一方向からの堆積のため一面のみの処理となります。同一面内で、処理したい部分と処理したくない部分がある場合には、マスキングや追加工などの別処理が必要になります。欲しい機能と表面処理の特徴から、処理方法を選択することになります。

ふたつの物体が接触して動作するとき、摩擦や摩耗が発生します。この摩擦・摩耗とその対策にあたる潤滑についての技術の総称をトライボロジーと呼んでいます。摩耗は、微視的な表面の塑性変形や金属結合とせん断によって発生します。機械的なひっかかりとこの金属結合部のせん断が摩擦力になります。

金属表面を潤滑油で覆うと、金属結合する部分が少なくなり、油（流体）のせん断抵抗が摩擦力になります。そのため、摩耗・摩擦ともに軽減されます。摩擦や摩耗を軽減するための潤滑油も表面処理のひとつといえます。このように、表面をひとつの部品と捉えて機能を付与する設計を行うことで、安価な製品を実現できます。

要点BOX

- ●表面処理で表面に別の機能を与える
- ●表面も部品のひとつ。意識的に設計する

主な表面処理方法と機能付与の関係

		表面処理方法					
		耐摩耗性	潤滑性	耐食性	断熱性 耐熱性	導電性	装飾
金属皮膜処理	電気めっき	○	○	○		○	○
	溶融めっき			○			
	拡散めっき		○	○	○		
	蒸着めっき	○			○		○
	無電解めっき	○		○		○	
	溶射			○	○	○	
化成処理	陽極酸化	○		○			○
	りん酸塩処理						○
表面硬化法	浸炭	○					
	窒化	○					
	浸炭窒化	○					
	高周波焼入れ	○					
	炎焼入れ	○					
非金属皮膜処理	プラスチックライニング			○	○		
	セラミックコーティング	○		○	○		
		ピストン、金型など	軸受け	バルブ、ポンプ	タービンブレード	基板	装飾品

摩耗の形態

機能的な摩耗	凝着摩耗、アブレシブ摩耗
化学的な摩耗	腐食摩耗、酸化摩耗
電気的な摩耗	アーク損摩耗、溶融摩耗

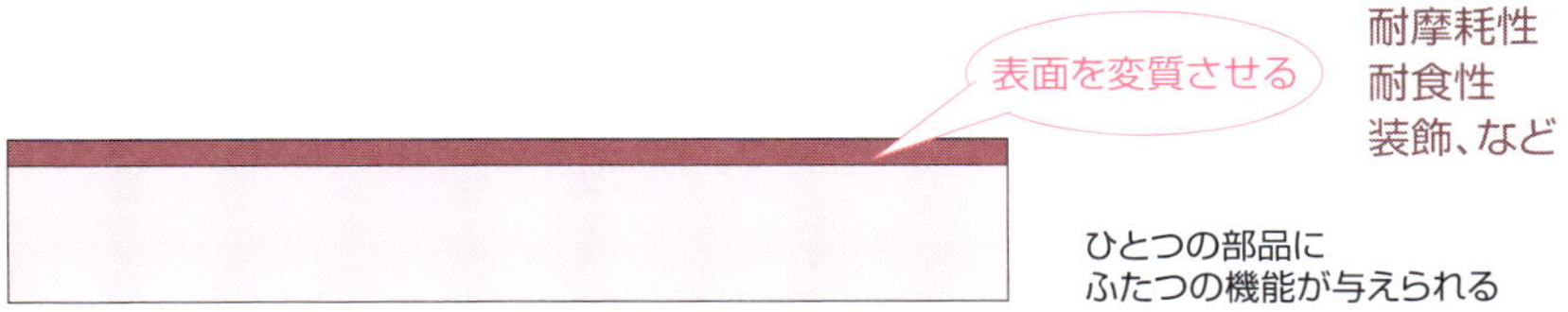

21 熱処理

加熱と冷却で機械的性質を改善する

熱処理とは、加熱と冷却の条件選定によって材料の性質を変化させる操作のことです。鉄鋼や一部の熱処理型の銅合金、アルミニウム合金のもつ変態（結晶構造の変化）を利用しています。炭素鋼の例では、面心立方格子（fcc）構造をもつオーステナイト状態から急冷すると、体心立方格子（bcc）構造のマルテンサイトに変化します。マルテンサイトは、炭素を固溶したままbcc構造をもつため、硬度が高くなっています。

主な熱処理は、焼なまし、焼ならし、焼入れ、焼もどしの四つに分類されます。このうち、焼もどしを除く三つは、加熱後の冷却条件の違いによって説明できます。

冷却速度が緩やかな順に、焼なまし・焼ならし・焼入れとなっています。鋼の場合、連続冷却変態曲線（CCT曲線）と呼ばれる状態図を元に、冷却速度と時間が決められています。

それぞれの熱処理で得られる主な特性は、以下のとおりです。

●焼なまし　硬度低下、疲労亀裂発生の防止
●焼ならし　均質化、機械的性質の改善
●焼入れ　硬度向上
●焼もどし　焼入れ後の組織均質化、引っ張り強さ向上

以上のように機械設計で用いられる材料の中には、厳密な熱処理工程を経たものが少なくありません。この板材や棒材から必要な形を得るために加工を施したり、または実仕様条件で繰り返し加熱や冷却が加わったりする場合には、当初もっていた特性が損なわれる可能性があります。機械装置の性能に大きな影響を及ぼす部分については、加工前後や加熱評価前後での金属組織の状態変化を確認することが重要です。

要点BOX

●冷却条件で硬度や引っ張り強さを調整
●徐冷は焼なまし、急冷は焼入れ、中間が焼もどし
●部品加工や使用上の組織変化を確認

炭素鋼の変態（結晶構造の変化）

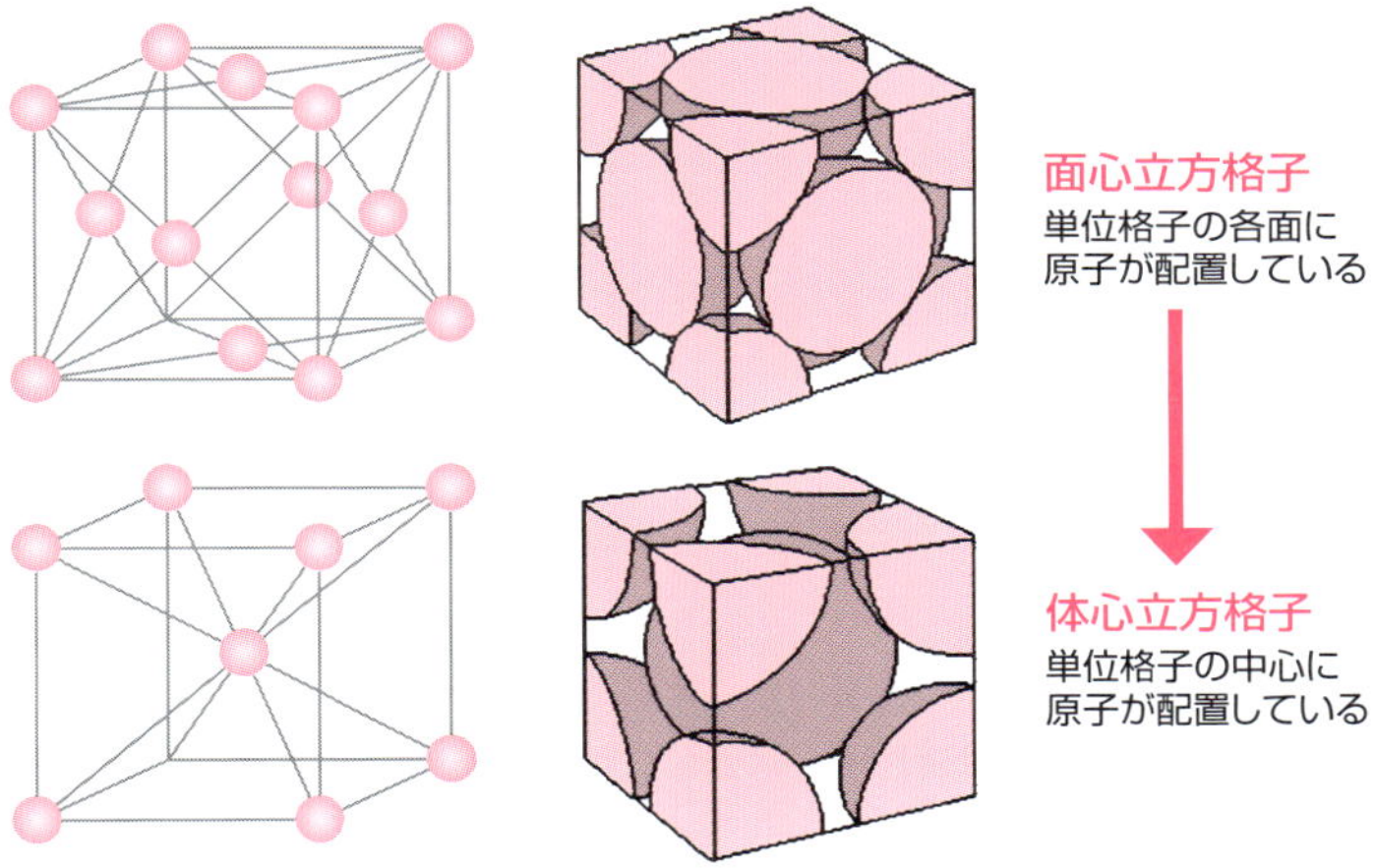

主な熱処理

熱処理名	特性変化・効果	
	鋼	非鉄
焼なまし	硬度低下、被削性向上、冷間加工の影響除去、残留応力除去、疲労亀裂発生の防止、磁性向上（けい素鋼）	残留応力の除去（黄銅）、弾性向上
焼ならし	金属組織の均一化・微細化、異方性の低下、機械的性質の改善	結晶偏析の除去
焼入れ（溶体化処理）	硬度向上、じん性向上	共析変態による特性改善
焼もどし（時効処理）	焼入れ後の組織安定化、硬度向上（高炭素鋼）、引っ張り強さ向上	析出硬化による特性改善（ベリリウム銅）

鋼の熱処理条件（概念図）

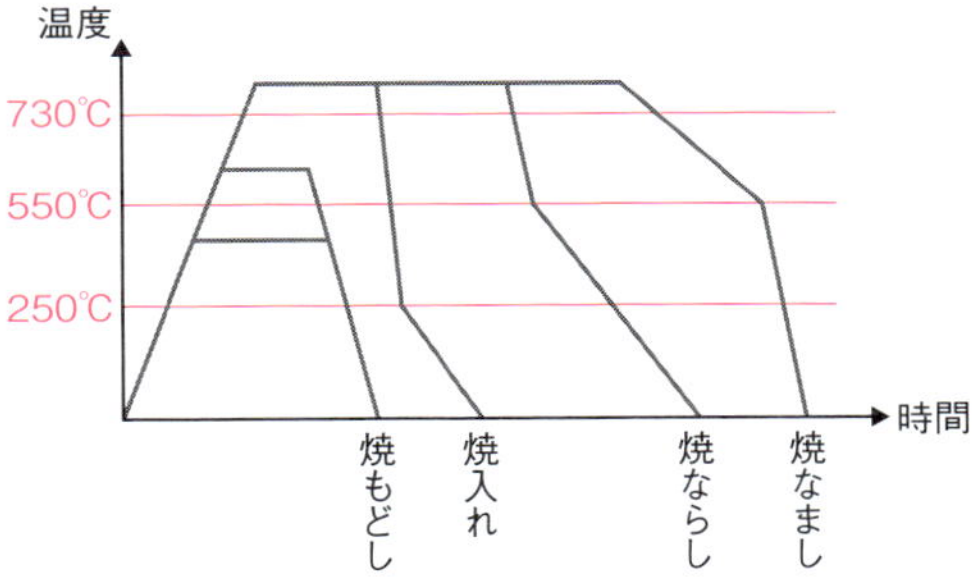

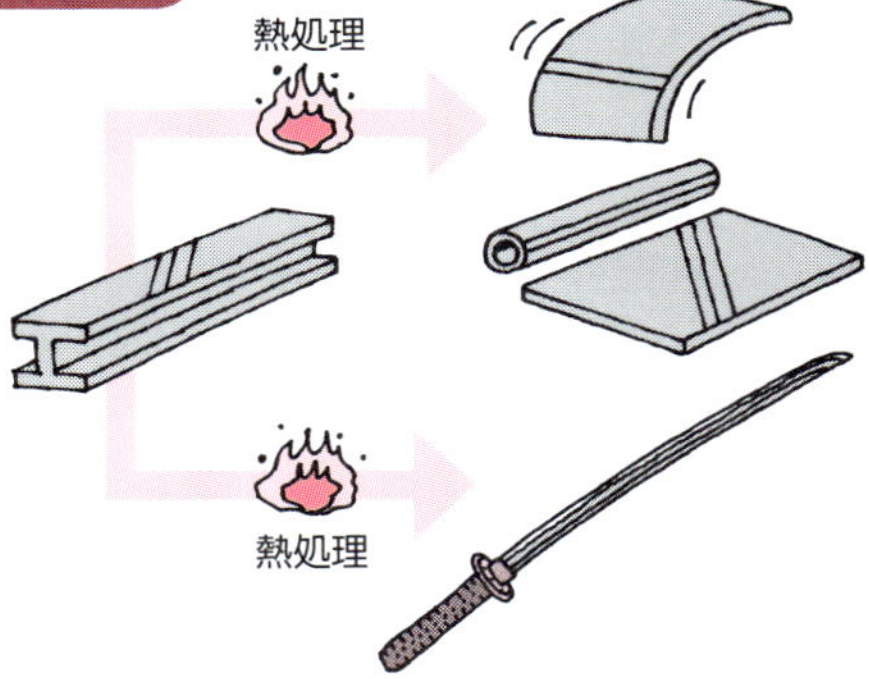

22 加工、工作法

設計者が重要視すべき加工のポイント

私たちが身近に手にする製品や機械・機器は、すべて何らかの加工によって作られた部品で構成されています。加工技術が進化しなければ、私たちの生活が便利に快適になることはありません。日本は、海外から材料を購入し、その材料をあらゆる部品へと作り変える工作機械（マザーマシン）で高品質・高精度に加工して、海外へ輸出することで高度経済成長を成し遂げました。つまり、日本の加工技術は、世界のプロ集団が認める競争力の源泉としてトップに誇れる技術なのです。

今日、経済は低迷していますが、日本の製品が世界のトップであり続けるためには、設計者が加工法について熟知しておく必要があり、品質の高い製品を目標とすることが重要です。一般的に、加工の種類は以下の三つに分類できます。

①不要な材料を切り取って新しい形状にする「除去加工」（質量が減る加工）

②他の材料を付け加えて新しい形状にする「付加加工」（質量が増える加工）

③材料を伸ばしたり、曲げたり、叩いたりして新しい形状にする「変形加工」（質量が変わらない加工）

ここで設計者が重要視すべきことは、質量を減らすべきか、増やすべきか、変わらない状態で加工すべきか、いずれのどのタイプで材料を加工するかということです。加工法や加工機械は、材料と同様に多岐に渡って存在しており、それぞれタイプに応じて特徴が異なります。当然、加工が難しく、組み立てにくい部品を設計すれば、時間がかかり、コストに影響します。また、寸法や条件が少しでも変わっただけで、加工できない場合も発生します。設計者は、対象とする部品の加工法は何が適切か、どれが安いか、あるいは、その加工法は採用できるか、仮に採用できないならばどうするかなど、十分考慮した上で設計を行うように心がけましょう。

要点BOX

●品質（加工精度・寸法公差）、コスト、製作数量の検討

●除去加工・付加加工・変形加工

除去加工

（切削、研削、放電、レーザなど）

材料から一部を切断したり、
削り取ったりして加工する

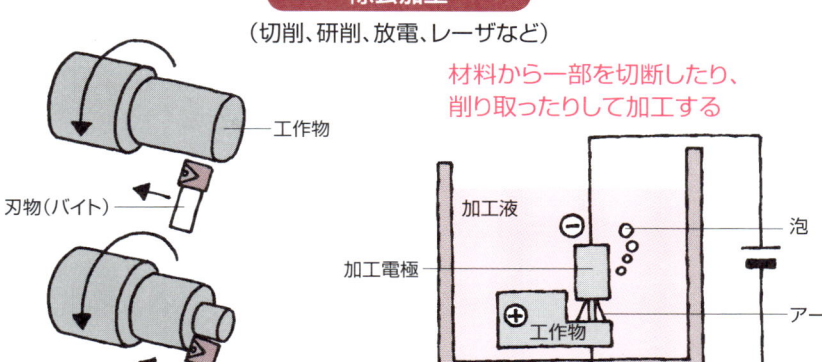

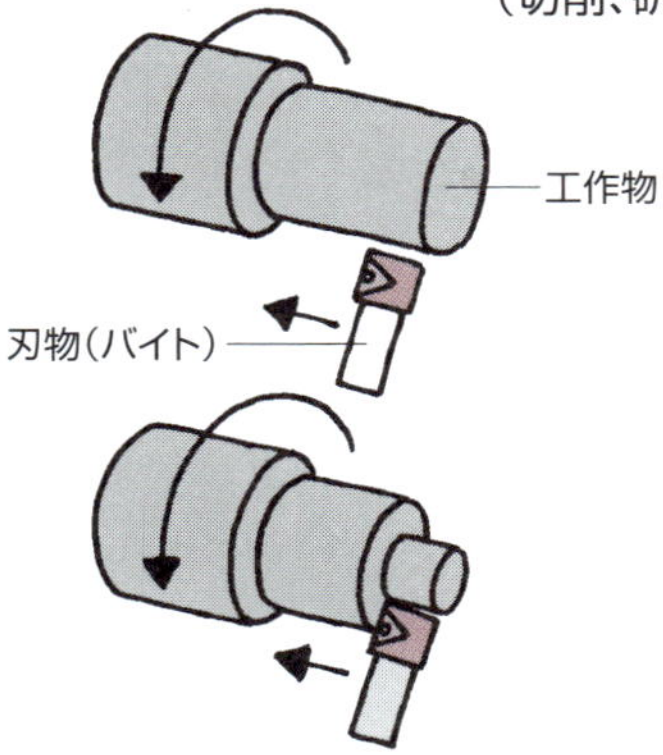

切削（旋盤）

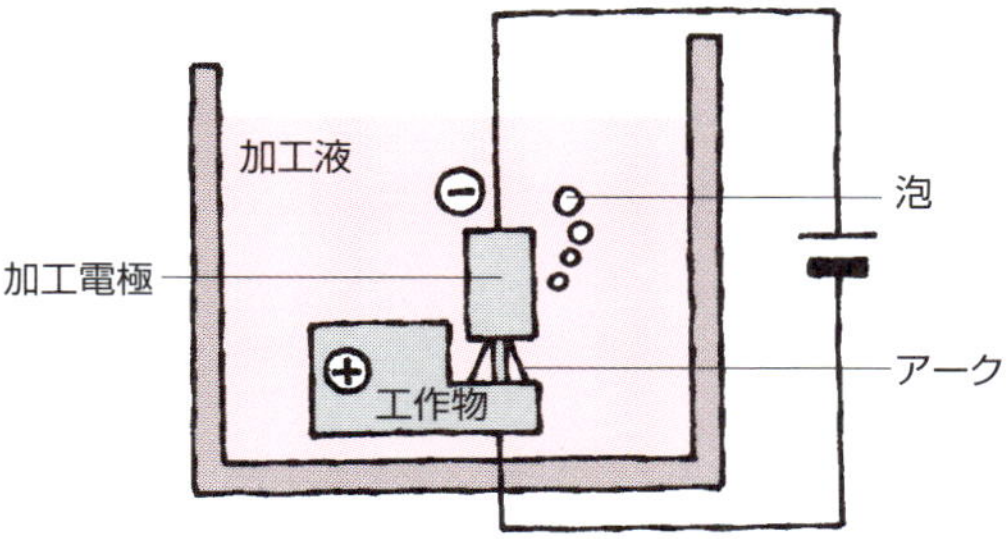

放電加工

付加加工

（溶接、ロウ付け、めっき、コーティングなど）

材料に別の材料を
付け加えて加工する

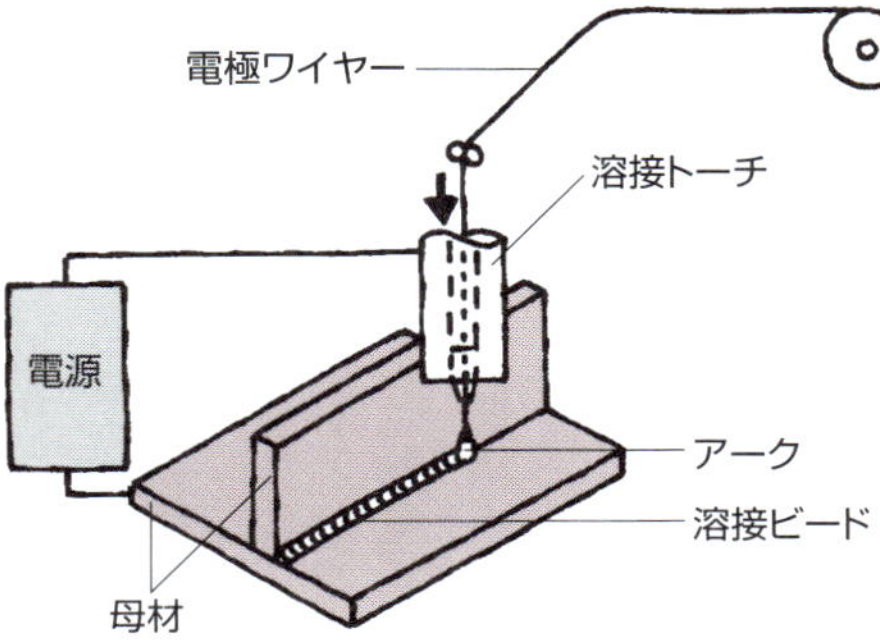

溶接（アーク溶接）

変形加工

（プレス、鋳造、鍛造、成形など）

材料に熱や力を
加えて加工する

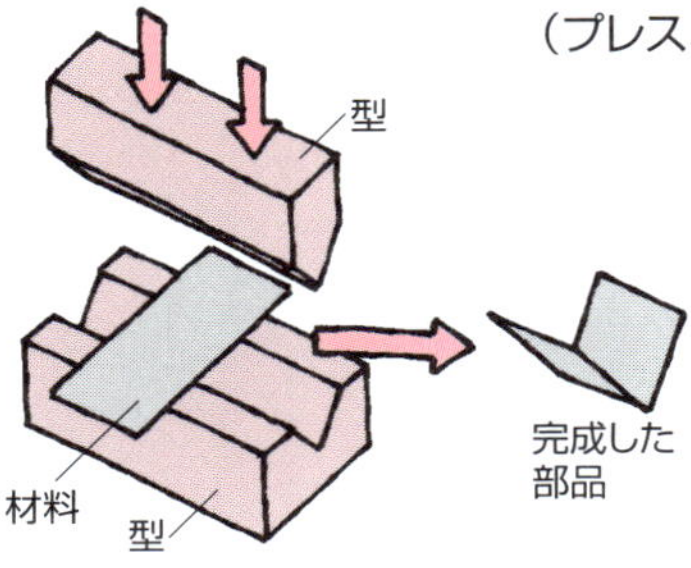

プレス（曲げ）

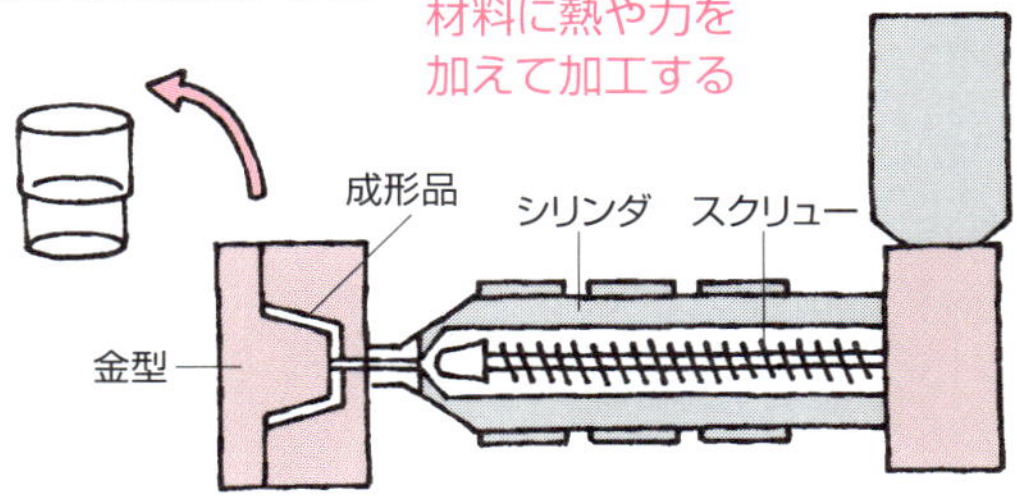

成形（射出成形）

Column

複数技術分野の融合

　機械設計を行う対象は、プラント・重機械などの重工業系から、自動車・電車・工作機械などの一般機械系、時計・プリンタ・携帯電話などの精密機械系まで、大小広い範囲にわたっています。これら多様な設計対象に対して「機械設計」としてひとくくりにできるのは、本章でご紹介した材料力学・機械力学・流体力学・熱力学の四力学がすべての設計の基礎になっているためです。特に、「機械装置が壊れないこと」と「機械装置が正しく機能すること」という基本機能を設計するときには、これら四力学がとても重要な役割を果たします。

　しかし、先に示した重工業から精密機械までのほとんどの事例は、純粋な機械装置ではなく、電気や磁気で駆動されています。また、各機器の動作は電子制御されています。そのため、実際に機械設計をおこなうときには、機械だけでなく電気・電子の技術分野との融合が求められます。このように機械装置に電気工学・電子工学の観点を付与することで付加価値を高めたものをメカトロニクスと呼びます。また、狭義では、電気的入力で機械動作をする部品のことを指すこともあります。

　メカトロニクスのように複数の技術分野に対する設計を行うとき、よくあるケースは、メカ・エレキ・ソフトそれぞれの技術者が分担するという方法です。新たな設計を始めるときにはさまざまな技術課題が潜んでいます。この課題に対する解決策は、メカ・エレキ・ソフトのいずれの観点からでも進めていけます。まずは自らの専門領域での解決策を目指すのが通常ですが、せっかく複数の技術分野が融合しているのですから、専門外の分野に対する質問やコメントを通じて学びの機会としてはいかがでしょう。存外シンプルな質問の裏に根本的な解決策を見い出せることや、アナロジー的に技術の理解が深まることもあります。

　さらに、新規領域に向けた設計で新たな発想が求められる場合には、環境工学・人間工学・生物学など、これまでと異なる技術分野との融合がひとつの解になるかも知れません。

　みなさんも積極的に専門外技術との融合を試みて、応用の幅を広げてください。

第4章

機械製図

23 製図の基本

製図の重要性〜正確・明瞭・迅速の三つの要素〜

　ものの形や大きさを示す最も便利な手段は図面を描くことです。図面を作成することを製図といいます。図面を描くとき、形状の示し方・寸法の表し方など描く人によって異なると読み手が混乱し、その都度説明が必要となります。そこで、設計者は決められた規格や所定の様式に従って製品の形状、寸法、材料、仕上げの程度、工程、質量などの情報をすべて図面に明記する必要があります。

　それには、製図についていろいろなルールを知らなければなりません。そのルールの一つが規格です。日本工業規格（JIS）は、工業全般の標準化をはかるために制定されたものです。機械製図に関する規格には機械製図（JIS B 0001）や国際標準化機構（ISO）などがあります。

　また、製図を描く上で必要な①製図用紙の大きさ（A0、A1、A2、A3、A4）②尺度（縮尺、現尺、倍尺）③文字（漢字で4種類、かな・ローマ字・数字で5種類）④線（実線・破線・一点鎖線・二点鎖線）と（外形線、かくれ線、切断線、中心線、重心線、寸法補助線）⑤投影法・投影図（正面図・平面図・側面図）や第三角法など、共通のルールについて熟知しておくことが必要です。

　仮に、設計者が曖昧な知識で製図された図面で部品が作られると、言うまでもなく曖昧な製品しかできません。不完全な設計図、不明確な図面、不親切な図面、誤記の多い図面など、製作上のトラブルの多くは、こうした不備に基づくものです。設計者の意図を第三者に伝えるためには、製図の規格に従って描くことが大切です。製図時には、正確に、明瞭に、迅速に行うことを心がけましょう。これらの要素のいずれか一つでも欠けると設計者の意図が完全に伝わらず、異なった部品が製作されてしまいます。モノづくりの現場では「図面が生命線」。一つ一つ理解して完全な製図をすることが設計者の責務です。

要点BOX

- ●製図の心がけ〜正確・明瞭・迅速〜
- ●図面の書き方のルールを熟知する

製図で大事なこと

正確に
描かれているか?
手描きから製図へと
変換しているか?
明瞭に
描かれているか?
迅速に
描かれているか?

アイデア → 構想設計

↓

基本設計 → **詳細設計** → 出図

主に製図が関わる部分

24 寸法記入法

加工を考えた寸法記入

寸法記入は、まず図面を読み取る人の立場を考え、読み誤りが起こらないように、正確にわかりやすく表記する必要があります。寸法記入のポイントは、加工や組立の際の基準となる箇所を見極め、二重にまたがるなど混乱しないように、必要な寸法のみを正確に示すよう留意することです。

①寸法数値の記入：寸法は、寸法線・寸法補助線・引出線・寸法補助記号などと寸法を表す数値（寸法数値）によって示します。仕上がり寸法の単位は、通常、㎜（ミリメートル）単位で記入し、単位記号を寸法上に付けません。小数点は、ケタ数が多い場合でも3けたごとのコンマは付けず、字間を空け、はっきり明記します。

②寸法線・寸法補助線の記入：寸法線は指示する長さ方向、または角度と平行に引きます。寸法線の両端には、矢印・黒丸・斜線などを付け、寸法補助線は図中の点や線の中心から引出します。また、図形と寸法との読み取りを混乱しないように、少し距離をおいて寸法線を引きます。寸法補助線は寸法線の交点より2～3㎜程度長く引きます。寸法数値、加工方法、注記や照合番号などを記入するために用いる引出し線は、図形から斜めに引出します。寸法数値や注記などは引出し線を水平に折り曲げてその上に記入します。

③寸法補助記号の記入：寸法補助記号は、寸法数値に付け加える簡単な記号で、寸法の意味をより鮮明にするために用いられ、寸法数値の後ろや上部に付けて示すものが多くあります。

その他の寸法記入には、直径・正方形・半径・弦・円弧・穴・球の寸法記入、角度・テーパ・こう配・面取りの寸法記入、図形がその寸法数値と比例しない部分の寸法記入、文字記号による特殊な寸法記入、座標による寸法記入など、様々な記入の仕方があるのでよく吟味しましょう。

要点BOX

- ●加工者の立場を考えた寸法記入
- ●寸法記入のルールを理解する

寸法線・寸法補助線・引出し線の記入例

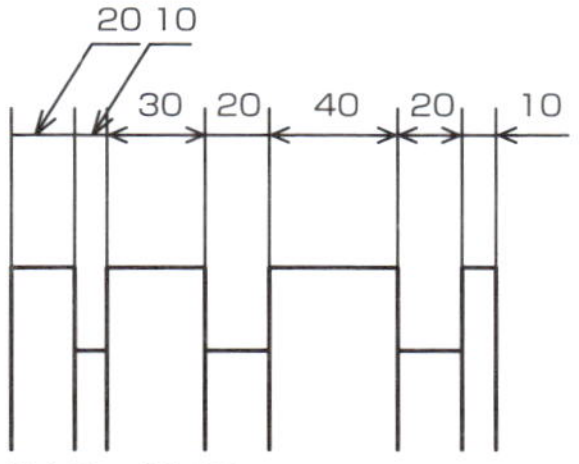

寸法数値の記入例

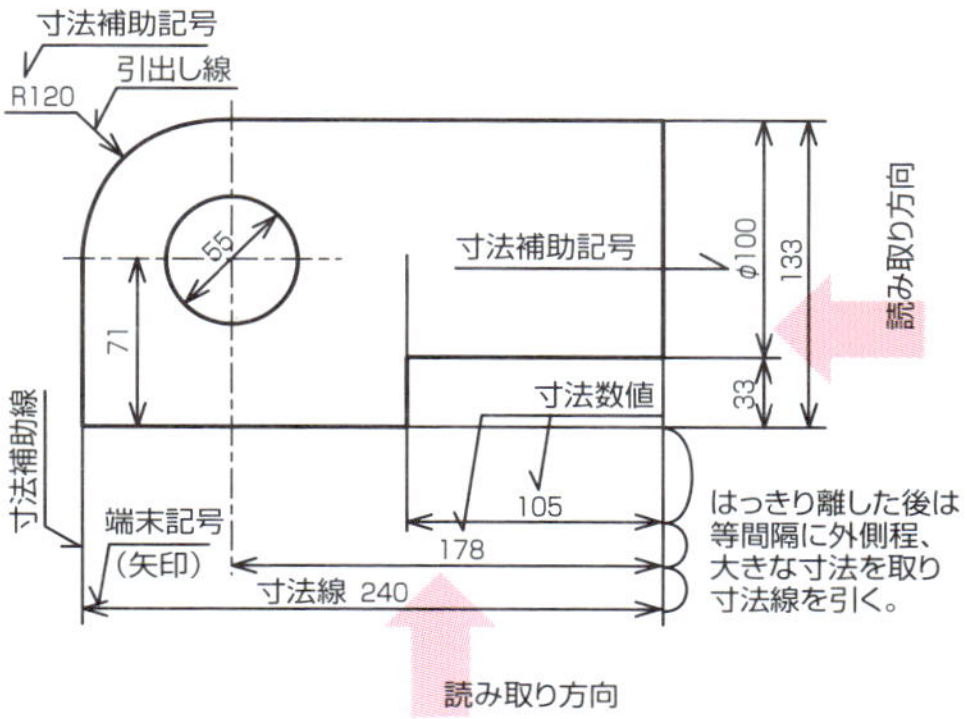

寸法数値の読み取り方向は垂直と右方向からのみで表示する。

寸法補助記号の記入

**数値の意味をより鮮明にするために
付け加えられる簡単な記号**

区分	記号	呼び方
直径	φ	まる
半径	*R*	あーる
球の直径	Sφ	えすまる
球の半径	*SR*	えすあーる
正方形の辺	□	かく
板の厚さ	*t*	てぃー
円弧の長さ	⌒	えんこ
45°の面取り	*C*	しー
理論的に正確な寸法	▭	わく
参考寸法	（ ）	かっこ

角度・テーパ・面取りなどの記入例

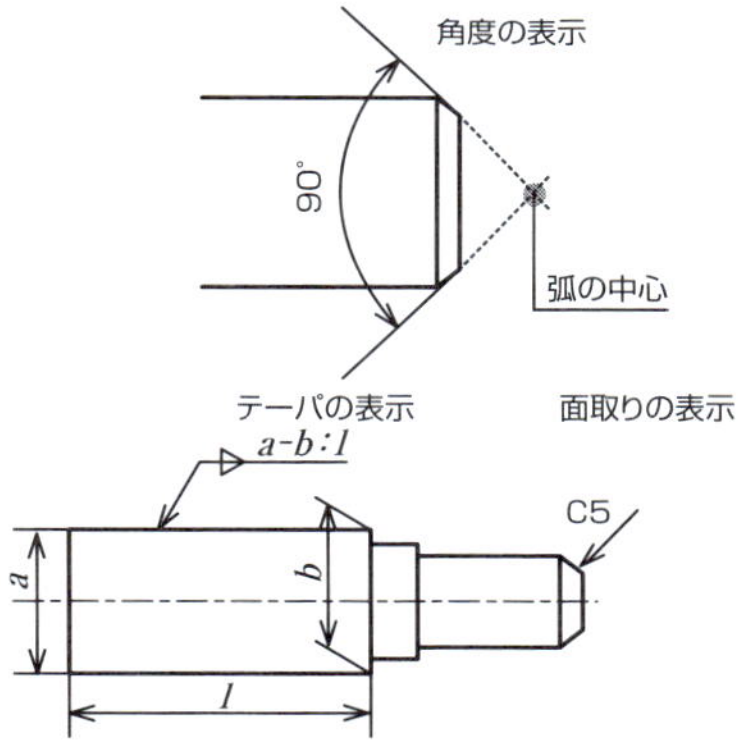

半径・直径・円弧などの記入例

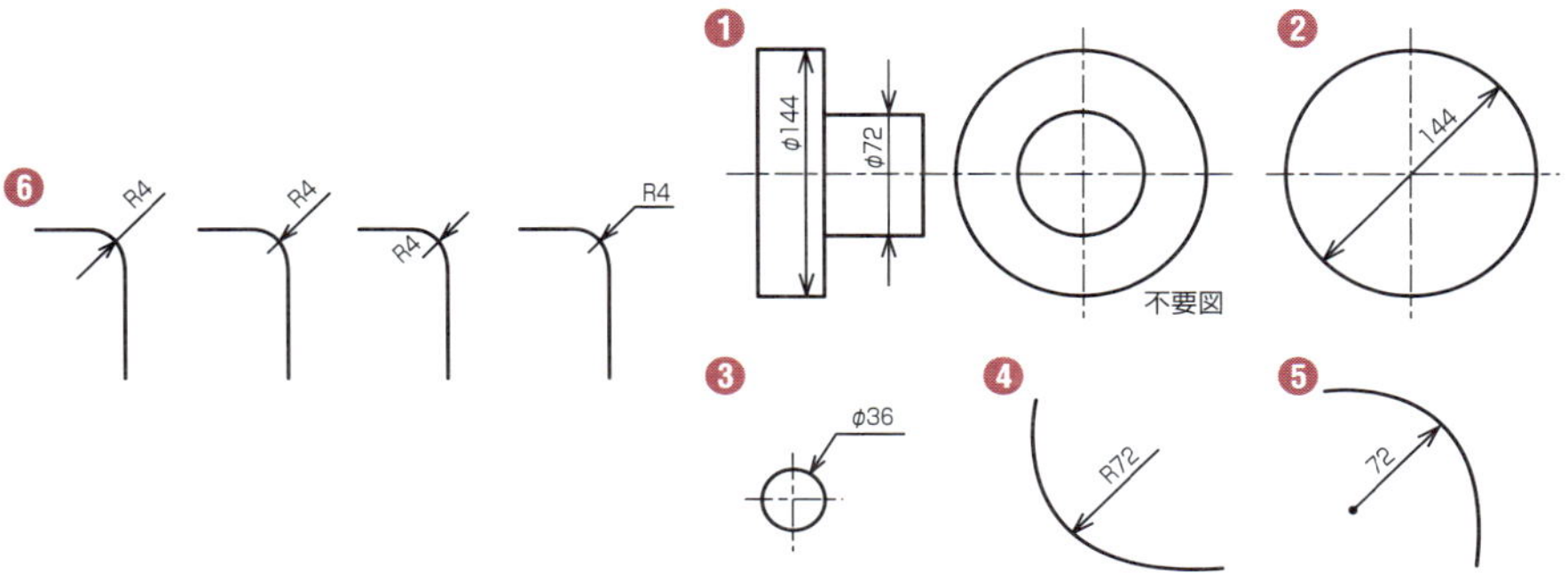

25 公差・はめあい

基準寸法に対する許容幅を考える

製図では、製品のできあがり寸法である「実寸法」に対して、あらかじめ許された誤差の範囲限界である「許容限界」の大小二つの限界を示す必要があります。大きい方を最大許容寸法、小さい方を最小許容寸法といい、その差を寸法公差といいます。

機械設計の観点では、組み立てばらつきを抑えるためにできるだけ狭い、あるいは、きつい範囲で公差を指定します。一方、部品加工の観点では、加工ばらつきがあっても良品となるようにできるだけ公差を広く、ゆるくします。公差が狭い場合、加工・検査・再加工を繰り返すことになり、部品単価が高くなります。逆に広い場合、装置の運用に問題が生じることもあります。このように、製品性能・加工性・経済性のすべてを考慮して、最終的に公差を決めます。

公差をもつ部品を組み合わせるときに配慮すべきことは、はめあいと積み上げ公差（集積公差）です。

はめあいとは、機械部品の穴と軸とが互いにはまり合うときの寸法差から生じる関係をいいます。一般的にはめあいは「きつさ」によって3種類に大別されます。隙間を残す「すきまばめ」、隙間がなく締めしろがある「しまりばめ」、これらの中間の「中間ばめ」です。それぞれの適用例として、すきまばめはグリースや潤滑油を塗布された摺動部に用いられ、締まりばめは軸受の圧入に、中間ばめはスラスト軸受と軸との関係に適用されます。

積み上げ公差とは、複数の部品の公差を単に加算した公差のことです。5±0.05mmと10±0.1mmとの長さをもつ部品を突き合わせた場合、単純和では15±0.15mmと計算できます。この方法は、最大幅の足し合わせですので、積み上げ公差が大きくなり設計を困難にさせます。そこで、公差を発生確率と考えて二乗平均で計算する方法があります。この場合は、$\sqrt{(0.05^2+0.1^2)} \fallingdotseq 0.11$ですので、15±0.11mmと計算されます。

要点BOX

- ●公差は性能・加工性・経済性を考慮する
- ●はめあいは組み合わせ状態を指定する
- ●組み立て部品では積み上げ公差を計算する

公差の表記

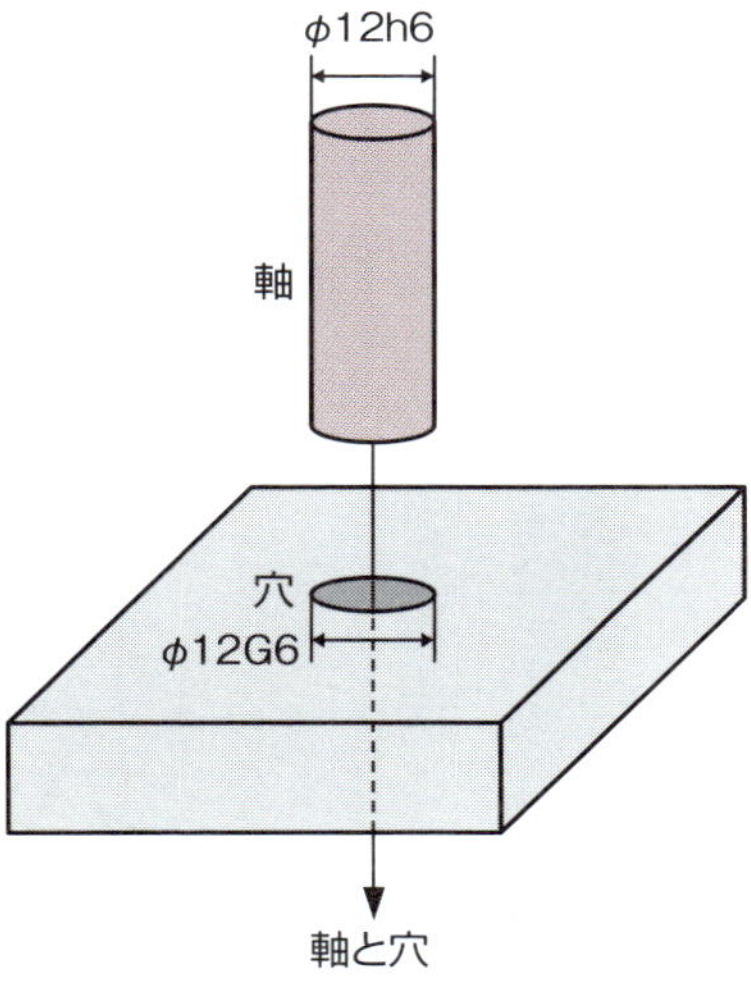

軸：φ12h6 ＝ $\phi 12^{\,0}_{-0.011}$（φ11.089～φ12.000）

穴：φ12G6 ＝ $\phi 12^{+0.017}_{+0.006}$（φ12.006～φ12.017）

「φ12」：基準寸法
「h6」や「G6」：公差域クラス
「h」や「G」：公差域の位置
「6」：公差等級

軸と穴の「はめあい」

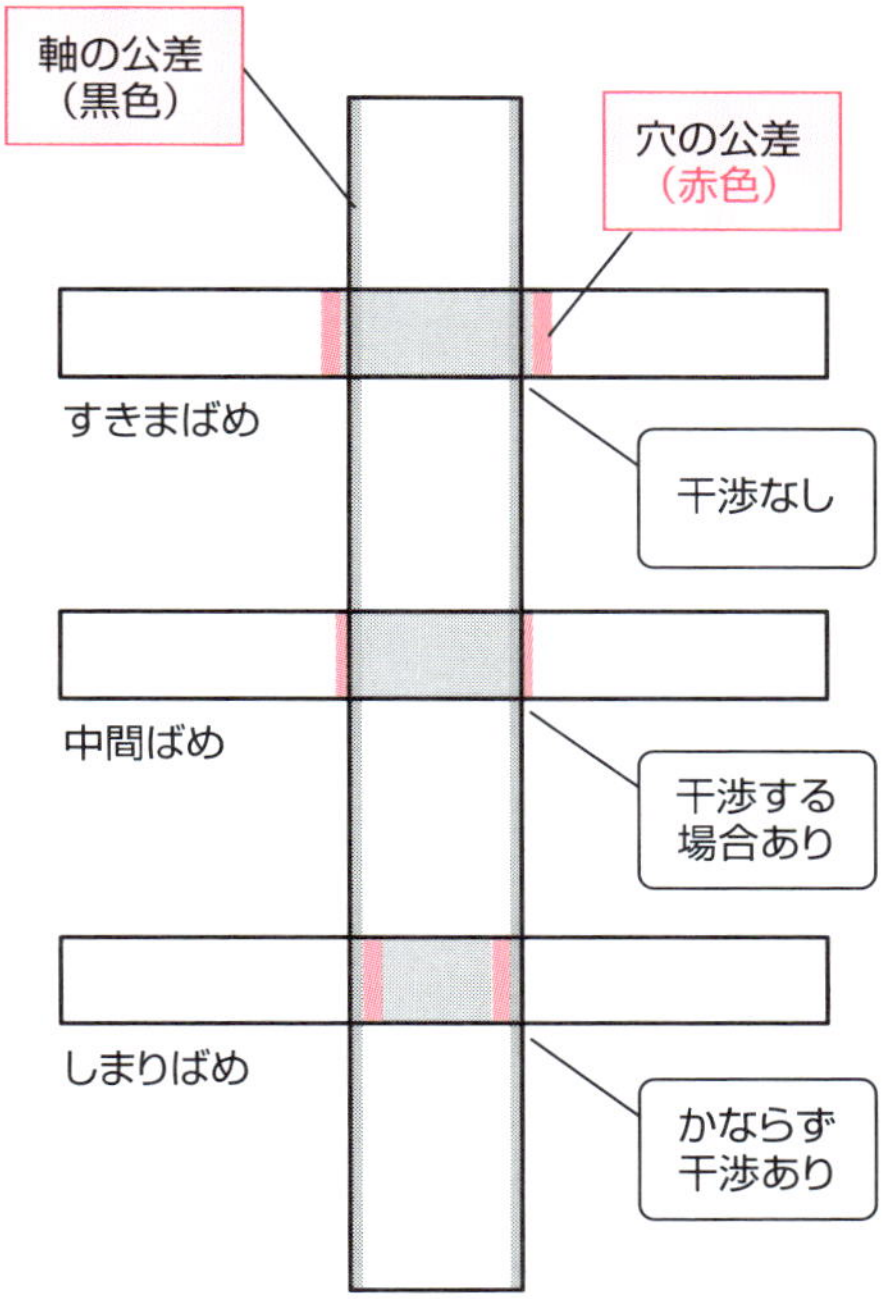

積み上げ公差の例

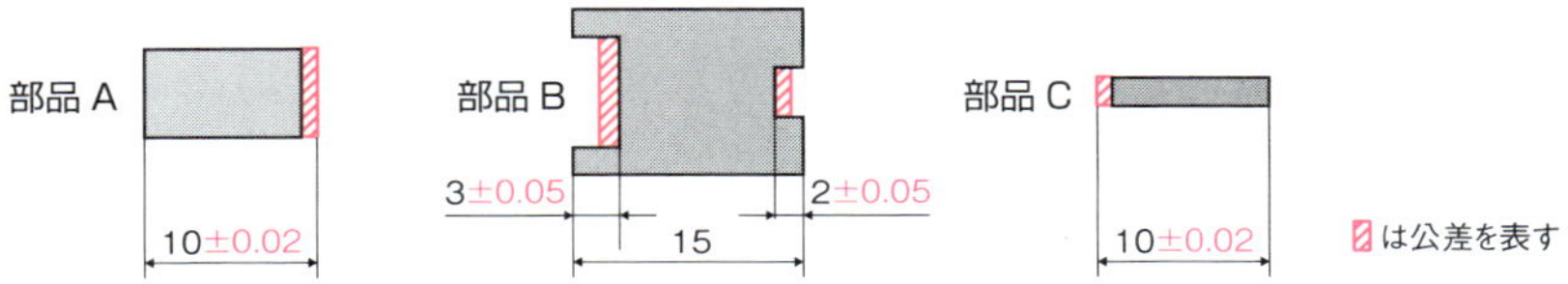

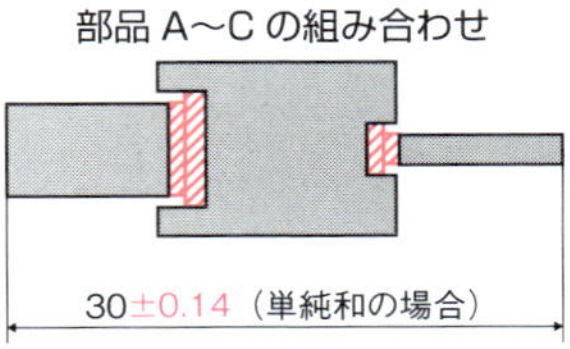

※二乗平均の場合：30±0.076

$$\sqrt{(0.02)^2+(0.05)^2+(0.05)^2+(0.02)^2}$$
$$=0.076$$

それぞれの部品が公差をもつため、部品を組み合わせると、どうしても組み立て後の公差が大きくなる

組み立て後の公差を小さくしたいとき

①部品の公差を小さくする
②ねじなどの調節要素を設ける
③寸法公差の発生確率が正規分布に近いとき、二乗平均で算出できる（単純和の発生確率が極小となるため）

26 表面粗さ

表面粗さでどの程度の仕上げにするかを指定する

機械加工を伴う図面には、その用途に応じた機械部品の表面の状態、つまり、仕上げ内容を指示しなければなりません。例えば、部品の表面に凹凸があってはいけない部分では、表面の滑らかさを向上させるように表記します。逆に、多少の凸凹があってもよい部分や加工しなくてもよい場所を、きちんと指示することも必須です。設計者は、部品の機能や性能に応じた表面の状態を図面内に明記することで、製品をより精度よく正確に作ることができるのです。

一方で、過度の仕上げを指定したり、仕上げの値を一段上げたりするだけで製品の時間と費用が高くなります。このように、図面に適切な表面粗さを指定することが設計者に求められます。

具体的な方法には、表面粗さを指定したい部品の面や寸法線上に表面粗さの記号を描きます。表面粗さの記号は一般的には、三角記号と共に表面性状のパラメータ（RaやRz）などを記入し、その後に数値を入れます。数値の単位はマイクロメートル（1㎜の1000分の1）です。

Ra25であれば、長さ方向に対して凸凹の平均値が25㎛となります。Ra（算術平均粗さ）の値の選定には、加工の工具を考えた表記方法があります。例えば、キリやドリル穴の場合は、Ra6・3程度、リーマ穴の場合はRa3・2程度、旋盤による機械加工の場合は、Ra0・1～Ra12・5程度が適切です。

また、数値で指定する場合は、25：ほとんど生地のままでよいときの指定、12・5：機能上あまり精度を問わない表面の指定、6・3：一般的な切削面、3・2：軸と穴を組み合わせる面または固定部、1・6：精密を必要とする取り付け面、0・8：高精度を必要とする仕上げ面または集中荷重を受ける面などと分けて記入します。表面粗さの指示は、加工者がどのような精度で加工するかを決定する重要な指示となります。

要点BOX

- ●表面粗さの記入で精度のよい部品に
- ●表面粗さを指示で加工の工具が変わる

代表的な表面粗さの定義

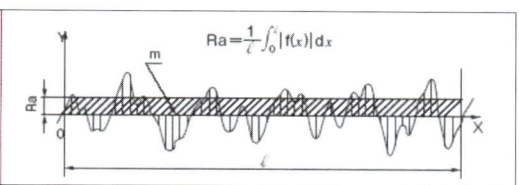

算術平均粗さ Ra 粗さ曲線からその平均線の方向に基準長さだけを抜き取り、この抜取り部分の平均線の方向にX軸を、縦倍率の方向Y軸を取り、粗さ曲線をy=f(x)で表したときに、次の式によって求められる値をマイクロメートル(μm)で表したものをいう。	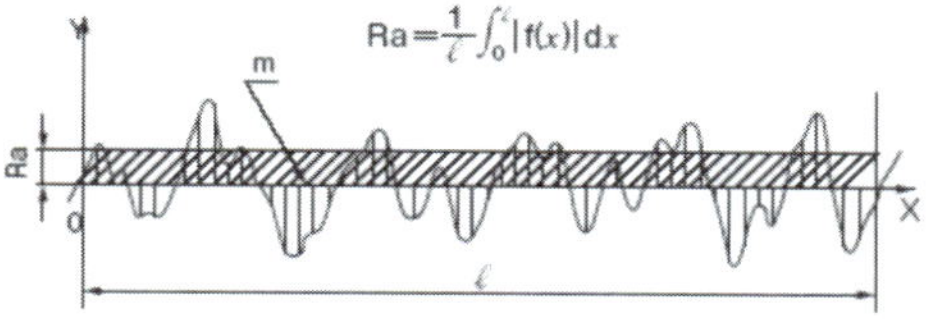
最大高さ粗さ Rz 粗さ曲線からその平均線の方向に基準長さだけを抜き取り、この抜取り部分の山頂線と谷底線との間隔を粗さ曲線の縦倍率の方向に測定し、この値をマイクロメートル(μm)で表したものをいう。 備考　Rzを求める場合には、きずとみなされるような並はずれて高い山及び低い谷がない部分から、基準長さだけを抜き取る。	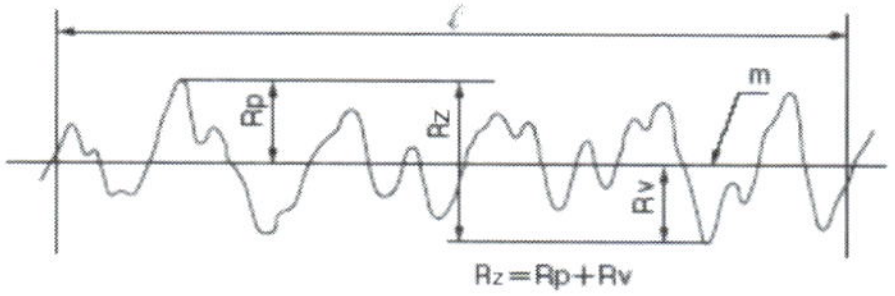
十点平均粗さ Rz JIS 粗さ曲線からその平均線の方向に基準長さだけを抜き取り、この抜取り部分の平均線から縦倍率の方向に測定した、最も高い山頂から5番目までの山頂の標高(Yp)の絶対値の平均値と、最も低い谷底から5番目までの谷底の標高(Yv)の絶対値との和を求め、この値をマイクロメートル(μm)で表したものをいう。	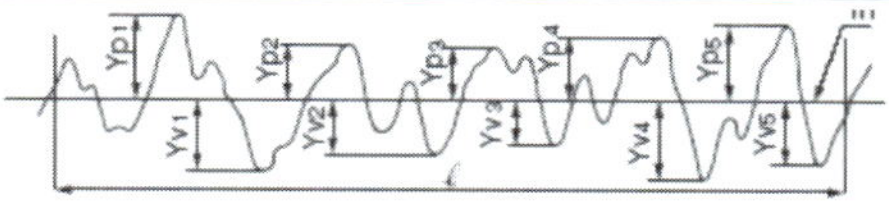 $Rz=\frac{Yp1+Yp2+Yp3+Yp4+Yp5+Yv1+Yv2+Yv3+Yv4+Yv5}{5}$ Yp1、Yp2、Yp3、Yp4、Yp5：基準長さℓに対する抜取り部分の、最も高い山頂から5番目までの山頂の標高 Yv1、Yv2、Yv3、Yv4、Yv5：基準長さℓに対する抜取り部分の、最も低い谷底から5番目までの谷底の標高

表面粗さの種類と区分

中心線の算術平均粗さ Ra			十点平均粗さ Rz JIS		最大高さ粗さ Rz		三角記号	Ra記号	適用	加工法
基準長さ(ミリ)	カットオフ値(ミリ)	標準数列	標準数列	基準長さ(ミリ)	基準長さ(ミリ)	標準数列	仕上げ記号	仕上げ記号		
カットオフ値の3倍以上	0.8	0.13a	0.05z	0.25	0.25	0.05s	▽▽▽▽ 精密仕上げ	0.2▽	鏡面、びっちりした摺動面	研磨
		0.025a	0.1z			0.1s				
		0.05a	0.2z			0.2s				
		0.1a	0.4z			0.4s				
		0.2a	0.8z	0.8	0.8	0.8s	▽▽▽ 上仕上げ	0.8▽	信頼性を必要とする摺動面など	研削
		0.4a	1.6z			1.6s				
		0.8a	3.2z			3.2s		1.6▽	ハメアイ、接触面、ベアリングケース	切削
		1.6a	6.3z			6.3s				
		3.2a	12.5z	2.5	2.5	12.5s	▽▽ 並仕上げ	6.3▽	接触面	切削
		6.3a	25z			25s				
		12.5a	50z	8	8	50s	▽ 荒仕上げ	25▽	一度削った表面	切削
	2.5	25a	100z			100s				
		50a	200z	25	25	200s	－ 生地	◯▽	素材面	
		100a	400z			400s				

27 幾何公差

部品の形状、姿勢、位置、振れを指示

幾何公差は、前述の寸法公差や表面粗さとは異なり、必要に応じて図面に指示します。

例えば、部品を組み合わせたときに、どうしても寸法精度を確保しておかないと機能上問題が発生するような場合などです。

幾何公差の種類には、基準に対して精度を表記するものと、基準がなく単独で表記するものとに大別されます。

基準に対して精度を指示するものには、①姿勢公差として「平行度」「直角度」「傾斜度」、②位置公差として「位置度」「同軸度」「対称度」、③振れ公差として「円周振れ」「全振れ」などがあります。基準とする面あるいは線を「データム」と呼び、このデータムを基準に加工や測定を行います。一方、基準がなく単独で指示するものには、④形状公差として「真直度」「平面度」「真円度」「円筒度」「線の輪郭度」「面の輪郭度」があります。

データムや幾何公差の表し方にはいくつかの決まりがありますが、詳細は専門書などを参照して下さい。

機械設計時に幾何公差を用いる際には、本当に必要な精度はどこか？どの面あるいは線を基準にするか？幾何公差のどの記号で表すのが最も適当か？どれくらいの値の公差が必要か？を検討しなければなりません。

これらを決める上で、過去の図面を参考にすることは有効です。しかし、あくまでも参考として、自分の判断で決めましょう。

幾何公差を適切に用いることによって、製品の最終的な精度を組み立て後に調整するのではなく、部品自体で精度を高めることが可能になります。そのため、組み立ての手間が省け、無理なくスピーディーに製品を製作できます。

要点BOX

- 部品自体で精度を高められる
- 組み立ての手間を省くことができる
- より高精度な製品の製作が可能

幾何公差の種類と定義

幾何公差の種類		記号	定義	データム指示
形状公差	真直度公差	⏤	直線形体の幾何学的に正しい直線からのひらきの許容値。	否
	平面度公差	⏥	平面形体の幾何学的に正しい平面からのひらきの許容値。	否
	真円度公差	○	円形形体の幾何学的に正しい円からのひらきの許容値。	否
	円筒度公差	⌭	円筒形の幾何学的に正しい円筒からのひらきの許容値。	否
	線の輪郭度公差	⌒	理論的に正確な寸法によって定められた幾何学的輪郭からの線の輪郭のひらきの許容値。	否
	面の輪郭度公差	⌓	理論的に正確な寸法によって定められた幾何学的輪郭からの面の輪郭のひらきの許容値。	否
姿勢公差	平行度公差	//	データム(注)直線またはデータム平面に対して平行な幾何学的直線または幾何学的平面からの平行であるべき直線形体または平面形体のひらきの許容値。	要
	直角度公差	⊥	データム直線またはデータム平面に対して直角な幾何学的直線または幾何学的平面からの直角であるべき直線形体または平面形体のひらきの許容値。	要
	傾斜度公差	∠	データム直線またはデータム平面に対して理論的に正確な角度をもつ幾何学的直線または幾何学的平面からの理論的に正確な角度をもつべき直線形体または平面形体のひらきの許容値。	要
	線の輪郭度公差	⌒	理論的に正確な寸法によって定められた幾何学的輪郭からの線の輪郭のひらきの許容値。	要
	面の輪郭公差	⌓	理論的に正確な寸法によって定められた幾何学的輪郭からの面の輪郭のひらきの許容値。	要
位置公差	位置度公差	⌖	データムまたは他の形体に関連して定められた理論的に正確な位置からの点、直線形体、または平面形体のひらきの許容値。	要・否
	同心度公差	◎	同心度公差は、データム円の中心に対する他の円形形体の中心の位置のひらきの許容値。	要
	同軸度公差	◎	同軸度公差は、データム軸直線と同一直線上にあるべき軸線のデータム軸直線からのひらきの許容値。	要
	対称度公差	⌯	データム軸直線またはデータム中心平面に関して互いに対称であるべき形体の対称位置からのひらきの許容値。	要
	線の輪郭度公差	⌒	理論的に正確な寸法によって定められた幾何学的輪郭からの線の輪郭のひらきの許容値。	要
	面の輪郭度公差	⌓	理論的に正確な寸法によって定められた幾何学的輪郭からの面の輪郭のひらきの許容値。	要
振れ公差	円周振れ公差	↗	データム軸直線を軸とする回転体をデータム軸直線のまわりに回転したとき、その表面が指定された位置または任意の位置において指定された方向に変位する許容値。	要
	全振れ公差	⌰	データム軸直線を軸とする回転体をデータム軸直後のまわりに回転したとき、その表面が指定された方向に変位する許容値。	要

山田学著「図面って、どない描くねん!」より転載

28 図面管理

情報更新と最新情報の共有を徹底する

図面管理において最も重要なことは、関連部署が常に最新で描かれた図面で作業を行っているかという点と、過去の変更履歴が図面に残されているかどうかの二点です。

まず、一点目の最新の図面で作業を行っているかどうかについては、仮に設計部門から他部門に渡された図面が最新版でない場合、製作された製品あるいは装置は設計者の意図から外れたものとなってしまいます。

これでは製品のトラブルを発生させてしまうことになり、結果的に「作り直し」という状態になれば、無駄な作業となる上、時間のロスや余計なコストがかかってしまいます。本来必要無いはずの業務を発生させないという点で、関係者が最新の図面にいつでもアクセスできるような環境作りを心がけなければなりません。特に、設計者は図面の変更履歴管理に気を使うべきです。

二点目の過去の変更履歴が残っているかどうかについては、関係者へのアナウンスと管理の両面からのアプローチが必要です。設計中はもちろんのこと量産体制に移って製品が市場に出まわった後でも、「誰が」「いつ」「なんのために変更したのか」について把握しておく必要があります。

特に設計変更の理由については、何らかの設計思想の変更や意思決定が働いているため、今後の設計時にも役立つ非常に有効な情報といえます。これらの情報は、社内の技術蓄積や人材教育という観点からもとても重要な技術資料になります。

また、最近では電子ファイルでの取り扱いにより、共有フォルダー上で管理するようになっています。そのため、図面と関連技術資料やデータがバラバラにならないように保存場所や取扱方法を定め、最新の情報を確認・共有できる環境を整えておくとよいでしょう。

要点BOX

- ●最新の図面を使って、作業をしているか？
- ●過去の変更履歴は残っているか？

図面の管理

図面が最新版であるのか、
どこを改版したのかなど
図面中にも改版の履歴を残すことが大事

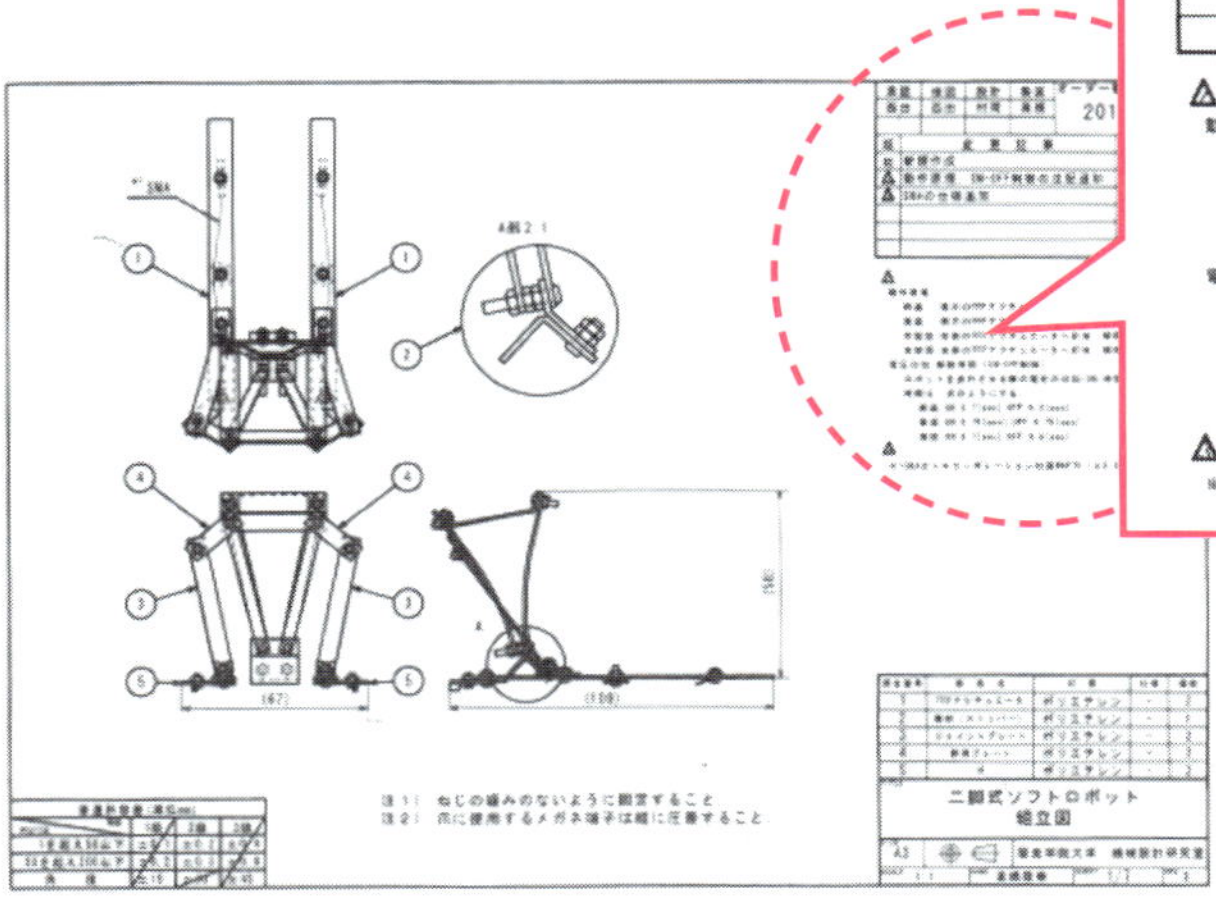

承認	検図	設計	製図	オーダー番号
西田	西田	村岡	高橋	20120002

版	変更記事	年月日	承認
初	新規作成	12, 11, 15	西田
△	動作原理, ON-OFF制御の注記追加	12, 12, 5	西田
△	SMAの仕様追加	12, 12, 10	西田

△

動作原理

前進　:両方のFFPアクチュエータへ同時に印加、解除を行う

後退　:両方のFFPアクチュエータへ交互に印加、解除を行う

右旋回:右側のFFPアクチュエータへ印加、解除を行う

左旋回:左側のFFPアクチュエータへ印加、解除を行う

電圧印加・解除時間(ON-OFF制御)

ロボットを歩行させる際の電圧の印加(ON)時間:解除(OFF)

時間は、次のようにする.

前進:ON 0.7[sec]:OFF 0.3[sec]

後退:ON 0.75[sec]:OFF 0.75[sec]

旋回:ON 0.7[sec]:OFF 0.9[sec]

△

※1SMAはトキコーポレーション社製BMF75(φ0.075とする)

29 検図

検図によって製図上のミスを未然に防ぐ

製図を終え、図面を出図する前に、設計上の間違いはないか、注記漏れや不備はないかなど図面をもう一度よくチェックする作業を「検図」といいます。検図には自分で行う検図と、主に上位者などの第三者から受ける最終検図があります。第三者による検図は、思い込みや勘違いを防ぐための重要な作業で、ミスや不完全性を排除する役割もあります。

通常、図面枠には、「設計」・「審査」・「承認」などの欄が設けてあります。実際に図面を描いた人物が誰で、それをチェックした人物（検図）が誰か、最終的にそれを承認した人物は誰なのかをわかるようにして、担当責務を示します。一般的に検図する人は上司、先輩など上位者にあたり、これまでの技術や経験を元に設計上の不備を見つけ出します。そして、設計者の意図が確実に図面に反映されているかなどのチェックが行われます。このように、製図をした者は最後の関所として最終チェックを上位者に依頼します。このときに多少のミスがあっても、どのみち第三者にチェックされるのだからと自己検図を軽視すると設計のスキルは向上しません。検図は、できるだけ重複をさけ効率よく実施できるように、チェックリストなどを作成し、以下の点に気をつけて行うとよいでしょう。

・部品欄・表題欄に情報が正しく記載されているか？
・正しい方法・位置に描かれているか？三角法や尺度、図形がＪＩＳ規格に沿ったものか？
・寸法・数値は過不足なく記入されているか？
・はめあい部の寸法公差は記入されているか？表面処理、材料の無駄がないか？
・表面粗さは過不足なく指定されているか？過剰に仕上げを要求していないか？
・組立や加工は可能であるか？
・人が触るエッジ部などには面取り，または角丸みなどの処理が施されているか？
・リサイクル・廃棄を考えた材料であるか？

要点BOX

●検図の重要性とチェック方法
●チェックリスト等で製図のミスを未然に防ぐ

仕上げは検図!

STEP1
自己検図

↓

STEP2
最終検図

Column

標準化

機械設計は、さまざまな標準化と強く関係しています。最も身近な標準化の事例は、単位です。長さ・重さ・時間の単位から1文字ずつ取ったMKS単位系や、その組み合わせで作られた国際単位系は、工学分野で広く普及しています。今やホームセンターで売られているねじでさえ、力の単位はNで標記されています。このように単位が統一されているおかげで、国内外の論文や技術資料を参照しても、数値が示す特性だけは認識しやすいという利点があります。

この単位を含む最も大きな公的標準化組織が、電気を対象としたIEC（国際電気標準会議）とその他分野のISO（国際標準化機構）です。機械全般に関わる安全規格のISO12100や、工作機械ISO447や産業用ロボットISO10218のように個別機械についての安全規格が制定されています。これら規格に適合した機械であれば、一定の安全性を確保することになるため、ユーザーの立場では安心というメリットを享受できます。

一方、機械設計に携わられるみなさんは、標準化や規格と聞くと、大きな制約条件を課せられた印象を抱くかもしれません。コスト・納期のほかに、このような制約が重なると考えると、創造性を発揮する幅が狭くなるように感じるかもしれません。

しかし、一定の安全性が確保されない装置は、市場で大きな問題となる場合があります。北米規格であるULは、1890年頃の設立当時、電気機器の普及に伴う火災事故の頻発に対して、保険会社として機器の検査を始めたことがその起源でした。安全性を検査するために自ら定めた試験法を拡充した結果、現在では世界中で認証されるまでになっています。

このように、機械設計をする上で標準化のメリットは、大きな損害を未然に防ぎ、安心して設計を行えるという意味で、設計者も十分に享受できるものです。また、難しい制約条件下であるからこそ、それを克服するアイディアが生まれたときの喜びは大きいです。ぜひ果敢にチャレンジしてください。

第5章

機械要素　その1

30 ねじ・ボルト・ナット

ねじの機能は締結・微調整・運動変換

　ねじは、締結要素の代表です。ねじの中で、ナットとともに用いられるものがボルトです。日本国内で広く流通しているねじはメートル並目ねじです。これと比較して、メートル細目ねじやユニファイ（インチ）ねじとはピッチが異なりますので、同一径での混用は避けてください。ボルト・ナットは、2枚の鋼板を固定するときなどに使用されています。このとき、せん断・引っ張り・ねじりへの耐力は、ボルトの軸径（断面積）で決まります。それぞれの応力に耐えられるねじを選択する必要があります。

　また、板に空けた穴の内側に設けたねじ山（めねじ）に対してボルトで固定したいとき、ねじ山の数が少なかったり、強度の弱い材料を用いたりすると、せん断でねじ山が破損するリスクがあります。ボルトは破損しても交換が容易ですので、めねじ側を強固にする設計が望ましいです。締め付け力の緩みを防止するためには、ばね座金や接着剤または特殊ねじが有効な手段です。

　ねじは、締結するだけでなく、微調整や運動変換の機能もあります。

　ねじを1回転させると1ピッチだけ軸方向に進みます。回転方向の移動量Lと軸方向の進む距離Pを比較すると、LはPよりはるかに大きくなります。この関係を利用して、回転で軸方向の微調整が可能になります。この原理を応用した測定器がマイクロメータです。これを力に置き換えると、小さい力で回転させると軸方向に大きな力が生じることになります。これは、ジャッキや万力に応用されています。また、ねじは回転させると軸方向に進むことから、回転運動から直線運動への変換要素と考えることができます。この応用がボールねじであり、工作機械や搬送機械、精密位置決めシステムに用いられています。

　このように、ねじは固定だけではなく、調整要素としても活用できます。

要点BOX

- 締結では破損への耐力を確認
- 汎用ねじでも微調整要素に応用できる
- 回転運動を直線運動に変換できる

ねじの締結例とかかる応力

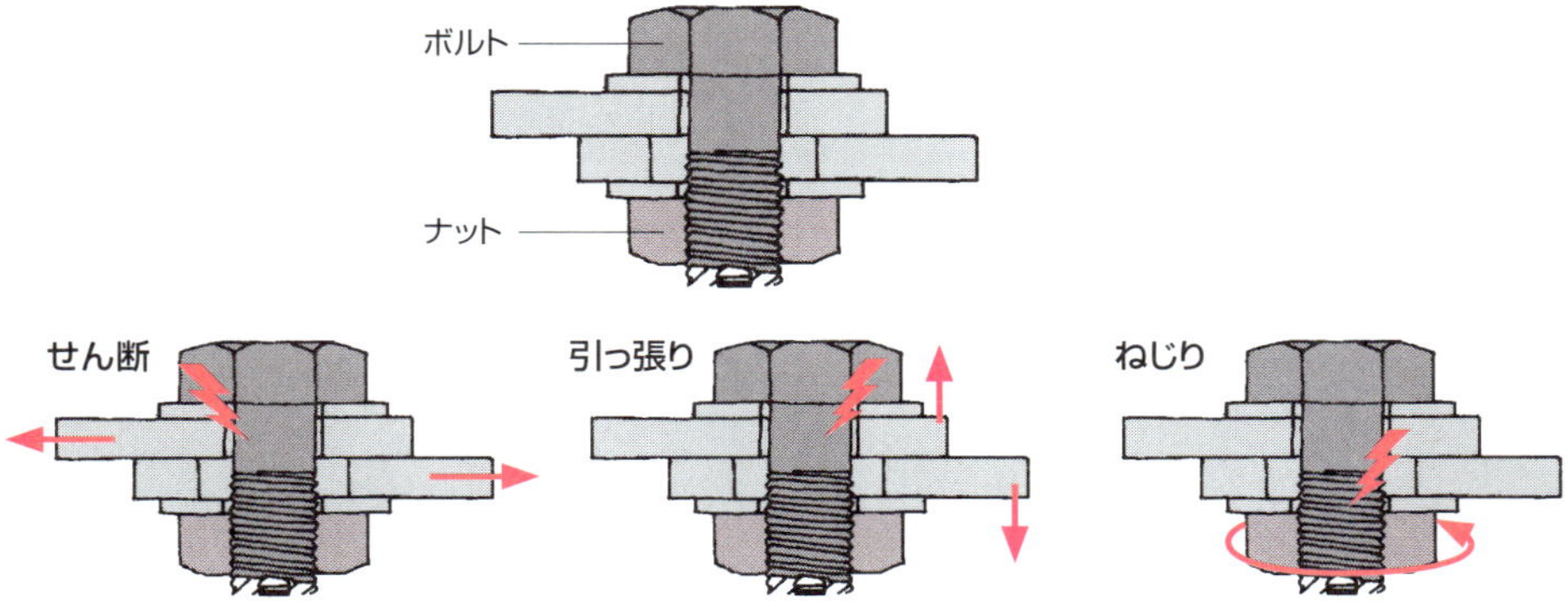

ねじの緩み止め

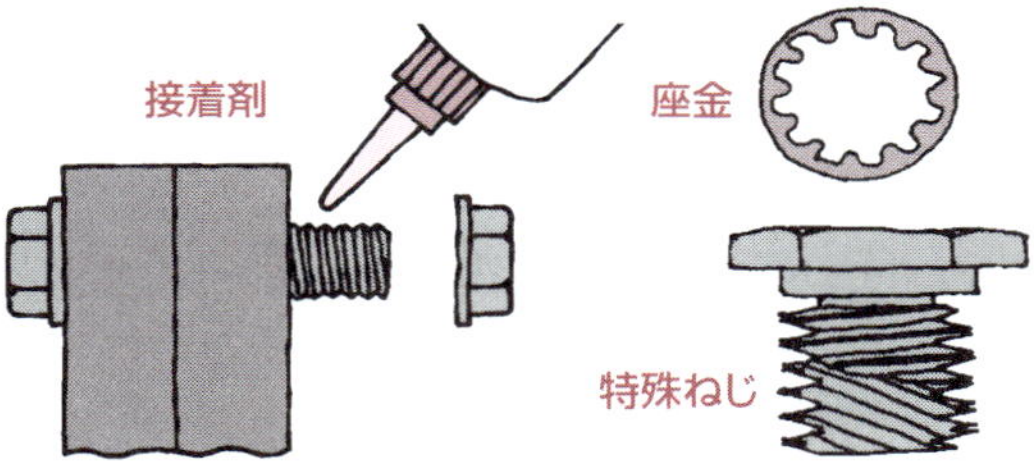

鋼板へのめねじ加工の例

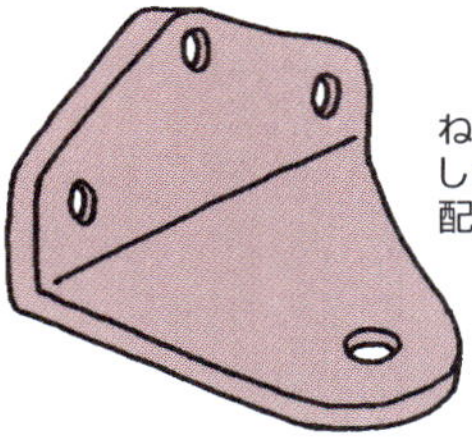

ねじ山が破損
しないような
配慮が必要

ねじの応用(1) 微調整

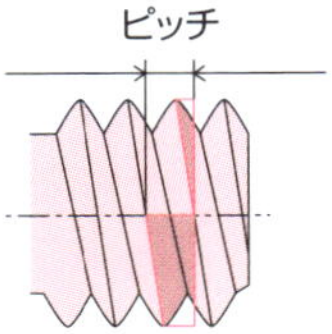

1ピッチ分
抜き出す

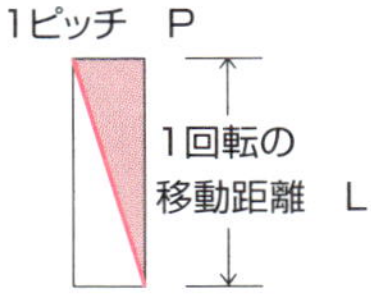

側面の展開図
ねじ山は対角線

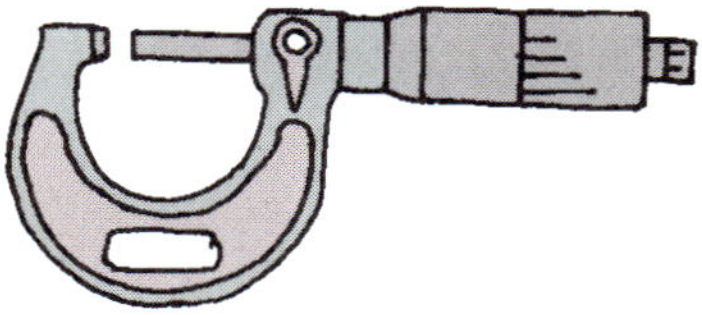

マイクロメータ
回転で軸方向の微調整ができる

ねじの応用(2) 大きな力

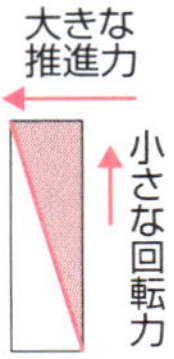

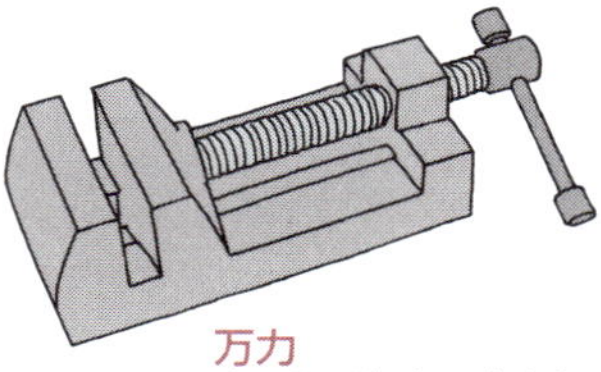

万力
小さな回転力で大きな
締め付け力が得られる

ねじの応用(3) 運動の変換

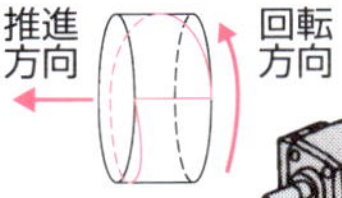

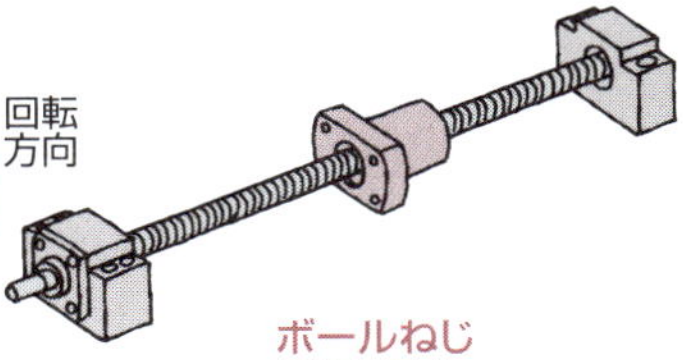

ボールねじ
回転運動を
直線運動に変換する

31 ばね

ばねの機能は荷重付加・定位置復帰・衝撃吸収

ばねと聞けば、すぐに「フックの法則」が思い出されます。これは、ばねにかかる荷重と伸びが比例するという関係のことを表しています。この関係を利用した計測器がばね秤です。

機械設計では、さまざまな形状のばねが用いられます。例えば、コイルばね、板ばね、皿ばねなどです。いずれも、荷重の付加、定位置への復帰、衝撃の吸収が主な役割です。

荷重の付加の例では、ばね座金では、軸方向に荷重を与えてねじ山への摩擦力を増大させることで、緩みを防止しています。また、コンセントでは、ソケット側が板ばねになっており、プラグ挿入時に板ばねが変形することで、電気接続のための接触力を得ています。

定位置への復帰とは、例えば、ジョイスティックでレバーを元の位置に戻す機能のことです。レバーの操作時には、レバーの保持位置が中央から移動しますが、レバーを元の位置に戻すために、復帰力を与えるばねが配置されています。このばねにより、中央の定位置に復帰します。

衝撃の吸収については、車のサスペンションが代表的な例と言えます。凹凸のある路面を走行したときの衝撃が座面に伝わらないように、車体とタイヤの間にばねが取り付けられています。ばね単独では受けた衝撃による振動が継続しますので、この振動を低減させる減衰器とともに用いられます。

ばねは、繰り返し荷重を加えたときに永久変形が生じることがあります。数百万～数億回の繰り返し荷重がかかる用途のばねも少なくありません。ばねの耐久性予測には、疲れ限度線図（グッドマン線図）を用いてあらかじめ確認することが重要です。

要点BOX

- ●荷重付加と定位置復帰では必要荷重を設計
- ●衝撃吸収では減衰器とともに振動を制御
- ●ばねの耐久性は疲れ限度線図で確認

ばねの種類と役割

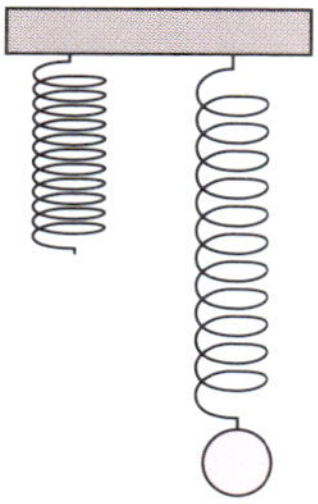

ばね秤
吊るされるモノの重さで
伸びが変わる

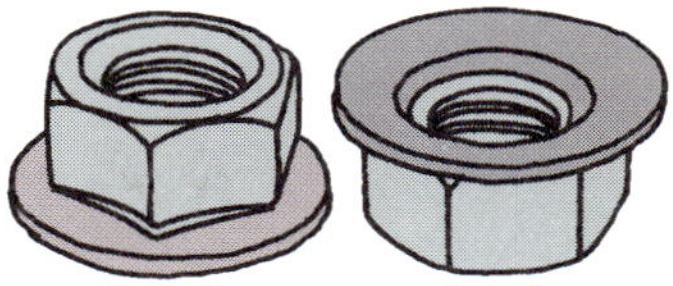

皿ばね(座金)
板材を変形させたもの
ナットと一体になったものもある

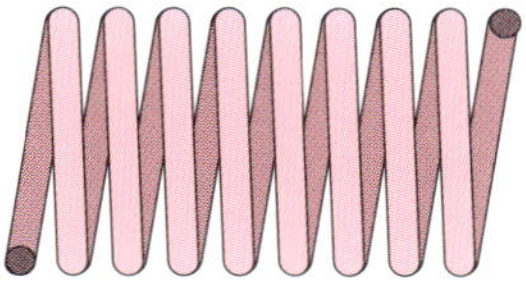

コイルばね　もっとも一般的
線材を円筒状に巻いたもの
圧縮ばねと引っ張りばねがある

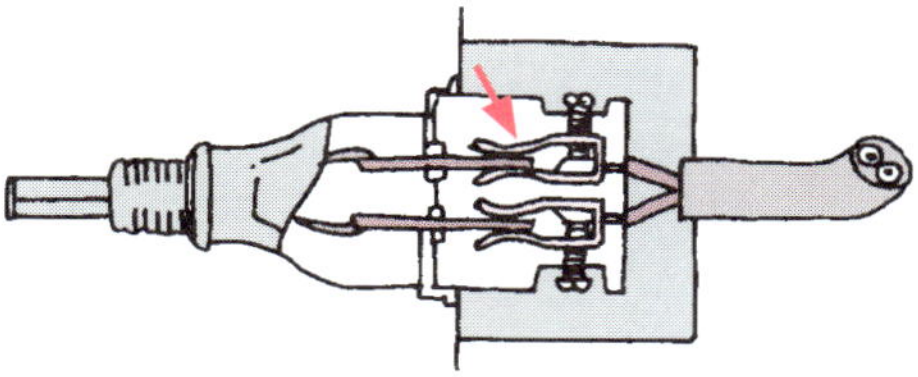

板ばね(コンセント)　板材を変形させたもの
ソケットのばねが変形して通電の接触力を得ている

ばねの応用(1) 定位置への復帰

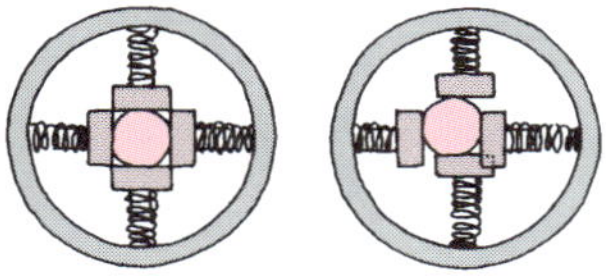

ジョイスティック
縦横に動かしてもばねの力で戻る

ばねの応用(2) 衝撃の吸収

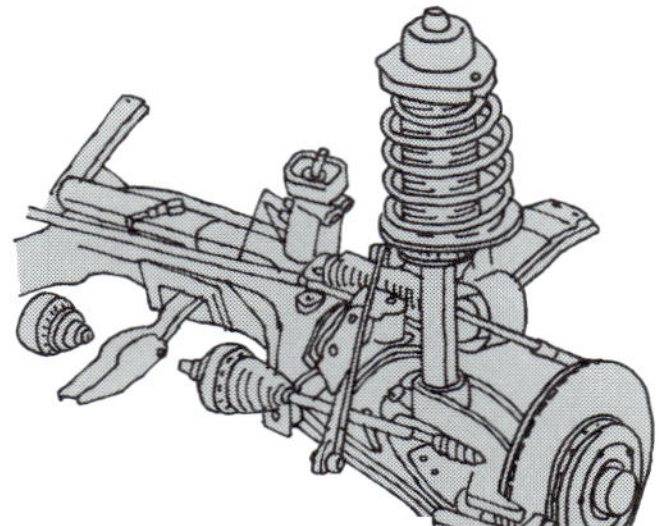

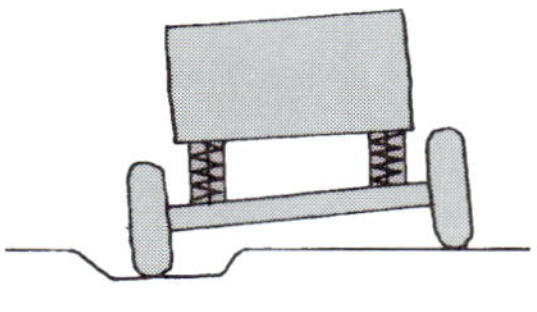

サスペンション
ばねと減衰器からなり、路面
から受ける衝撃を緩和する

疲れ限度線図(グッドマン線図)

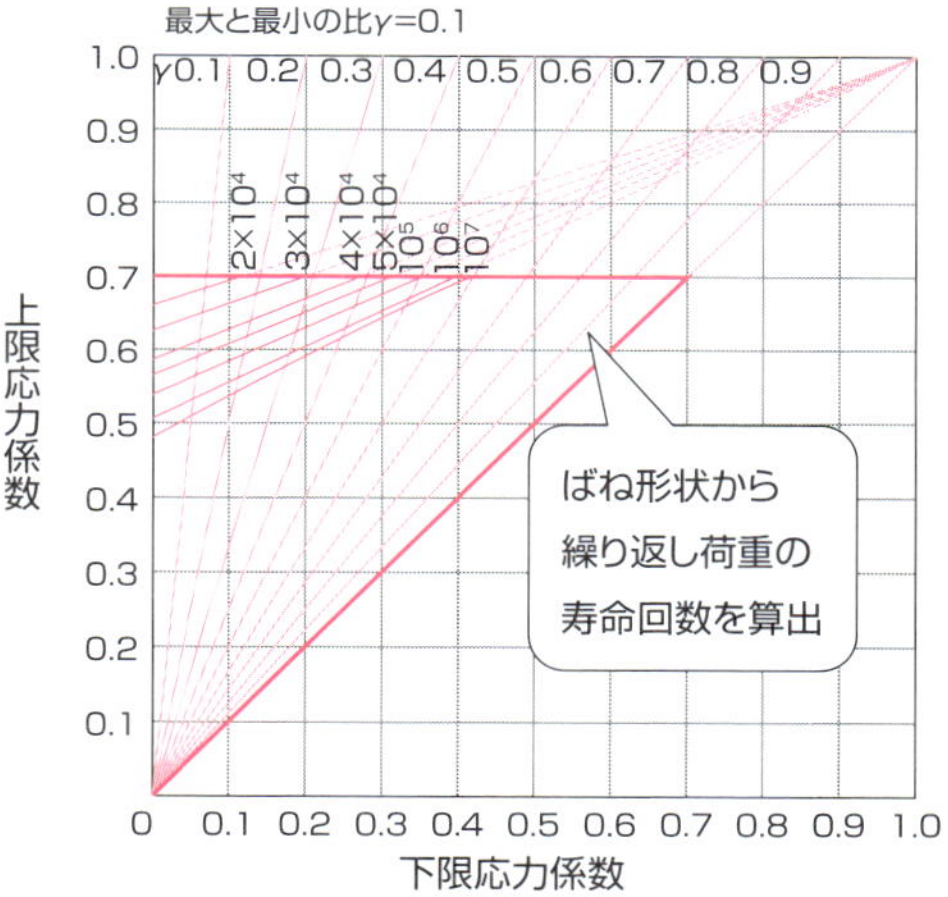

縦軸に最大応力/引っ張り強さ、横軸に最小応力値/引っ張り強さとしてプロットしたとき、繰り返し荷重を受けるばねの寿命回数は図中の斜め線から10^7回などと読み取ることができる。

32 軸

たわみの少ない軸を設計する

軸は、回転や直線運動によって動力を伝える機械要素のことです。

軸の役割は、回転体の中心軸や平行移動の基準です。ほとんどの軸が運動に関係することから、運動を繰り返しても変形や破壊の生じない強さが求められます。

より具体的には、軸に加わる三つの荷重を考慮して、疲労破壊に対して十分に余裕のある強度と剛性をもつものを採用する必要があります。ここで三つの荷重とは、①軸に対して垂直にかかる曲げ荷重、②軸方向にかかる引張／圧縮荷重、③軸の回転方向にかかるねじり荷重のことです。なお、車軸など用途により、①〜③の組み合わせ荷重となる場合もあります。

軸材料を選定する際には、上記の機械的強度のほかに、使用環境に応じて熱膨張係数や耐腐食性などへの配慮が求められることもあります。

軸を使用するときに最も注意しなければならないのは、曲げによるたわみです。たわみが大きくなると、軸の振れ回りや軸受の片当たりが発生して、機械の故障につながります。一般的な伝動軸の場合、最大たわみ角が1/1000 rad以下となる軸径が目安です。

また軸の回転がある速度に達すると、軸の振動が急に大きくなることがあります。この振動現象の要因は二つあります。一つは回転による軸のたわみ変形やねじり変形が復元するときに減衰せず振動する場合です。もう一つは回転速度が軸の質量や長さなどによって決まる固有の値(固有振動数)に近いため共振する場合です。後者の振動が激しさを増す現象(共振)が起こる回転速度を危険速度と呼びます。いずれの場合も極度の変形を繰り返すため、破損に至ります。この振動を避けるための方法は、軸の太さを変更して危険速度を変えることで、使用回転速度と危険速度を離すことです。

要点BOX

- ●回転軸ではたわみ角に配慮する
- ●高速回転する軸は振動現象を避ける

いろいろな軸の呼び方

伝導軸	shaft	ねじりモーメントを伝達するもの　軸の一般的用語
	spindle	径に対して長さが短いもの　旋盤の主軸など
車軸	axle	曲げ荷重を受けるもの　両側に車輪が固定されたもの ※自転車の車軸はspindle
プロペラ軸	propeller shaft	ねじりと引張･圧縮荷重を受けるもの
ジャーナル	journal	軸受で支えられた部分のこと

軸に加わる三つの荷重

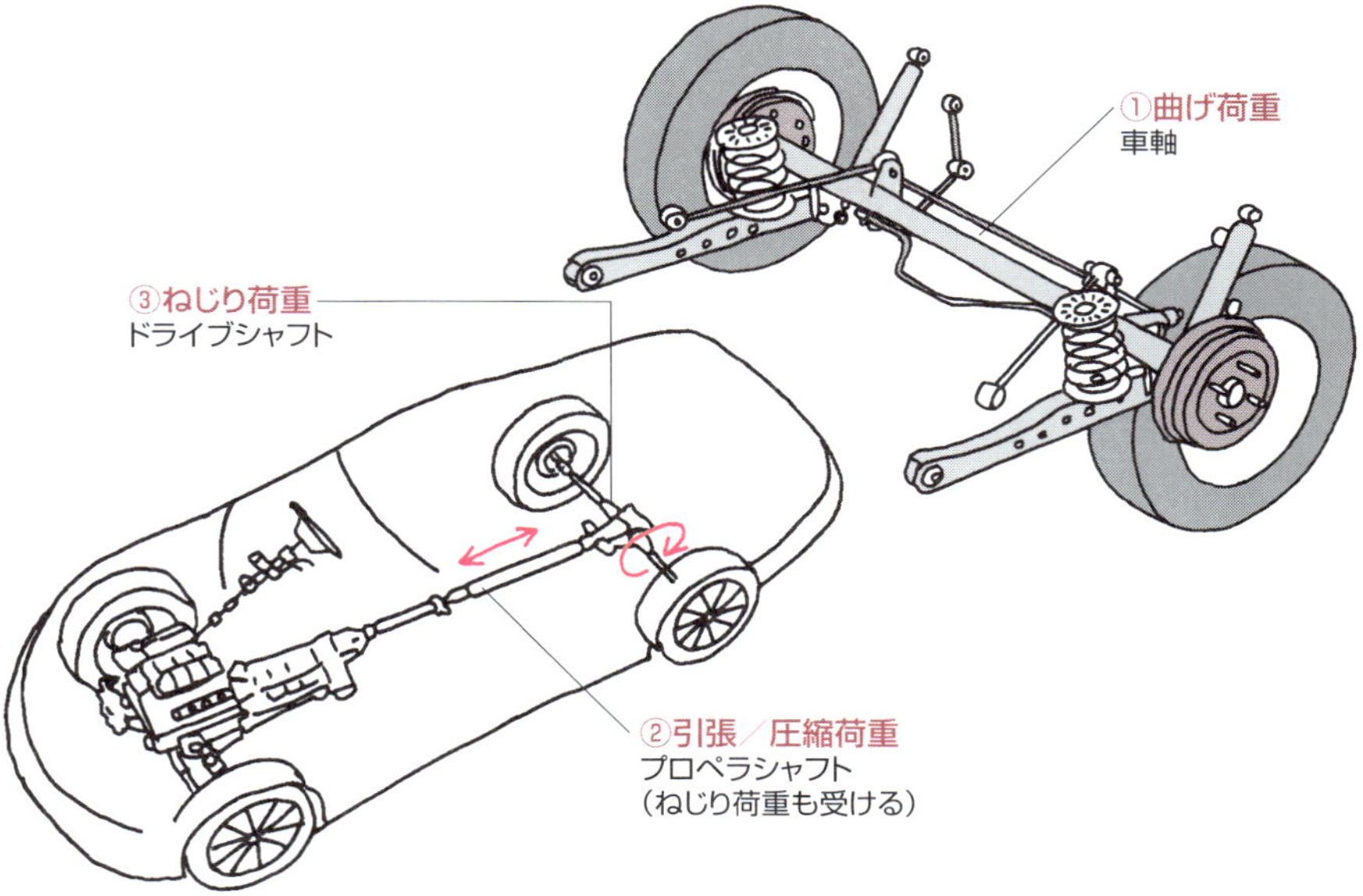

軸のたわみと危険速度

軸たわみのモデル
軸の回転数をω、弾性率をk、中央ロータの質量をMとする

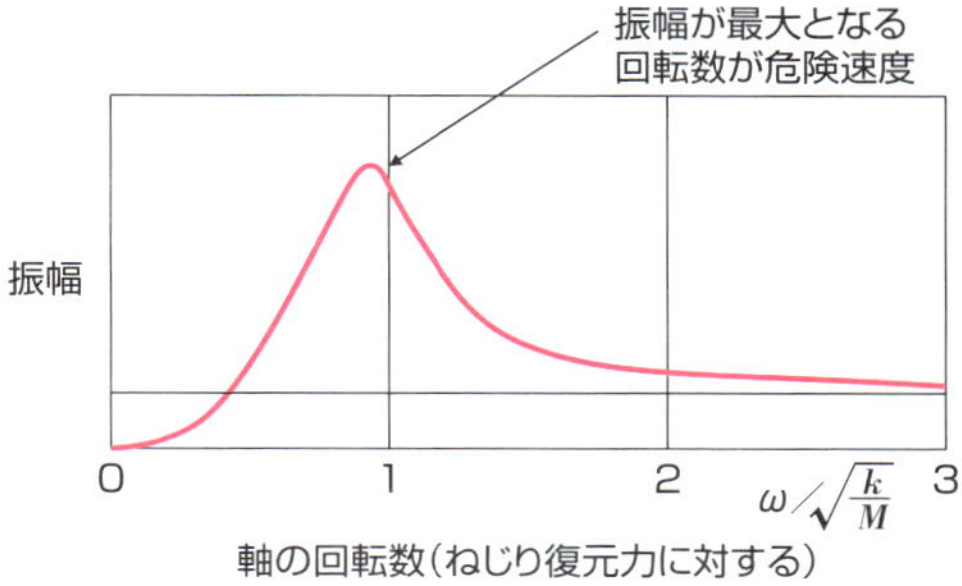

33 軸受

使用する条件に合わせて最適な軸受を選定

軸受とは、軸の回転を支え、回転による摩擦を減らす機械要素のことです。

軸受は、すべり軸受ところがり軸受の2種類に分類できます。すべり軸受は、軸を面で囲い、適切な潤滑によって軸の回転を受ける構造です。ころがり軸受とは、玉やころを用いて転がりによって荷重を支える構造です。

機械設計を行う上では、使用する条件に合わせて適切な軸受を選定することが重要になります。

そのためにも、軸受の種類・用途・荷重条件を知る必要があります。そして、それぞれの軸受のメリット、デメリットを正しく理解しておきましょう。

実際に軸受を選定する場合は、すべり軸受では荷重や回転数がPV値の許容範囲内であることを確認します。PV値とは、軸受の圧力(P)とすべり速度(V)の積で表した値で、通常は軸受メーカーのカタログに記載されています。

一方、ころがり軸受を選定する場合は、規格品の型式の決定と、定格寿命を求めることが重要になります。型式は基本番号と補助記号で表されます。

経験、実績、スペースなどから軸受型式を仮選定して寿命計算を行い、寿命が満足しているかを確認して最終的な型式を決める方法がよく用いられます。その他、使用条件などにより軸受荷重、回転数、寿命等を導出して、寿命計算から軸受内径を求めて型式を決定します。

仕様に合った機械を設計するためには、軸受も使用条件に最もふさわしいものを選ぶ必要があります。そのためには、その道のプロである軸受メーカーのカタログや技術資料を活用して、必要であれば問い合わせを行い、適切な軸受を選定するようにしましょう。

要点BOX

- ●軸受のメリット、デメリットを正しく理解する
- ●使用条件に最もふさわしい軸受を選定する

すべり軸受ところがり軸受

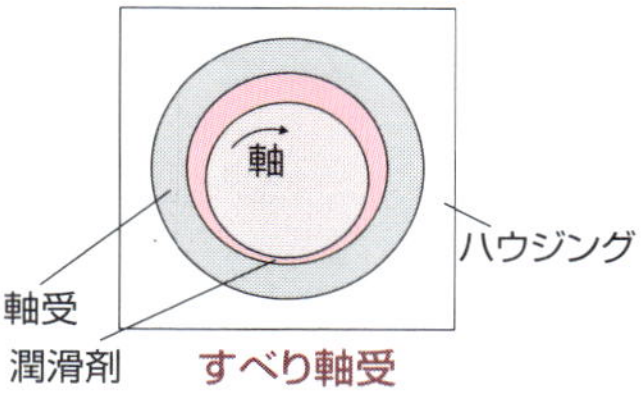

すべり軸受

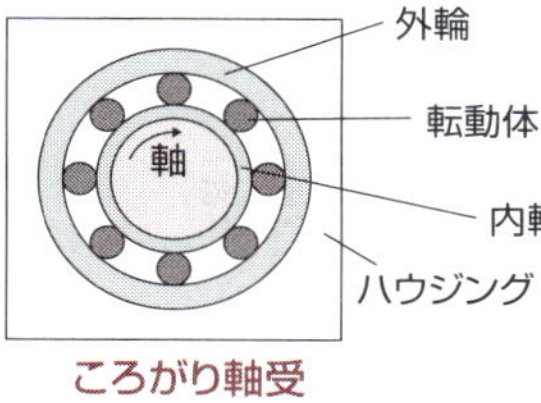

ころがり軸受

ころがり軸受（ボールベアリング）の種類と構造

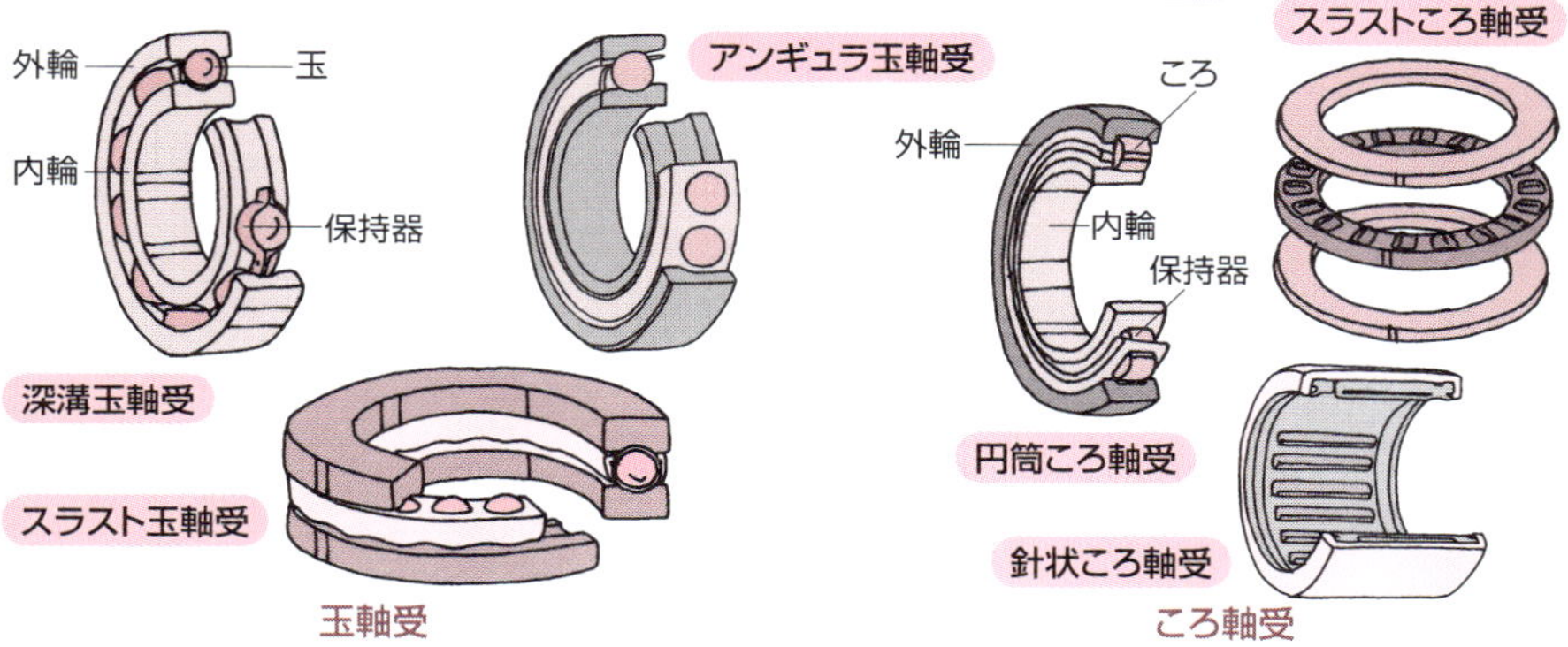

すべり軸受ところがり軸受の特徴

	メリット	デメリット	特記事項
すべり軸受	・長寿命 ・省スペース ・静音 ・耐衝撃性 ・低価格	・安定した潤滑が必要 ・メンテナンスが面倒 ・標準化されていない ・高温・低温での使用に向かない	・自己潤滑性がある含油軸受や樹脂系軸受などもある ・潤滑のタイプは、流体潤滑、混合潤滑、境界潤滑、固体潤滑に分けられる
ころがり軸受	・規格化されていて入手性が良い ・グリース潤滑可能で簡単 ・メンテナンスが簡単 ・起動摩擦係数が小さい ・高温、低温での使用が容易	・騒音、振動が大きい ・異物の侵入に弱い ・寿命に限界がある ・許容荷重がサイズの割に小さい ・耐衝撃、減衰性に劣る	・アンギュラ玉軸受は、ラジアル荷重と一方向のアキシャル荷重を受けられ、複数個で予圧をかけて用いられる

その他の軸受

軸受種類	解説	特徴
動圧軸受	軸の回転運動で流体膜の上に浮く軸受	一定範囲内の速度限定で高精度 加工、安定動作が難しい
静圧軸受	油または空気を軸受に導き荷重を支える軸受	非接触高速高精度回転が可能 使用条件、環境が限定
磁気軸受	磁気の吸引または反発力を利用した軸受	非接触高速高精度回転が可能。大型で高価

34 キー、スプライン、セレーション

部品間を固定して動力を伝達する要素

構成する部品を結合したり、止めたりする要素を締結要素といいます。締結要素の代表的なものに、部品と軸とを固定して動力を伝える「キー」があります。キーには、軸を回転したときに加わるせん断力が働きます。そのため、その力(トルク)の大きさに応じて、キー溝があるものとないものに区別されて使われています。

一般に、軸にキー溝がないものは軽荷重用、キー溝があるものは動力伝達用として用いられてます。軽荷重用のキーには、くらキーや平キーがあります。これらのキーは、回転方向の荷重に弱いため、大きな荷重で作用する箇所での仕様や正転逆転には適していません。一方、高速回転用や動力伝達用には、沈みキーが最も多く使用されています。沈みキーには、キーに勾配がない平行キーと、抜け出ることがないようキーに100分1の勾配を付けた勾配キー(打込キー)があります。

キーよりさらに大きなトルクを伝達するときは、キーに相当する歯を軸に直接設けた「スプライン」が用いられます。スプラインは、歯型断面形状によって、角形スプライン、インボリュートスプラインに分類されます。

また、スプラインよりも歯数を多くし、歯の高さを低くしたものを「セレーション」といいます。セレーションには、三角歯セレーション、インボリュートセレーションなどがあります。

スプラインは、トルク伝達に多く用いられます。例えば、スプラインは軸方向にすべるようになっていることが多いため、自動車等の変速機のように歯車やプーリが回転しながら軸方向に移動できる構造の繋ぎ部分に使用します。一方、セレーションは歯車やプーリを軸と固定したり、回り止めに使われています。

機械設計上の重要なポイントとして、機械の機能・用途に応じて最適の要素を選択することが、機械の信頼性・生産性を高めることになります。

要点BOX
- ●キー、スプライン、セレーションの使い分け
- ●機械部品の結合と止め

キーの種類

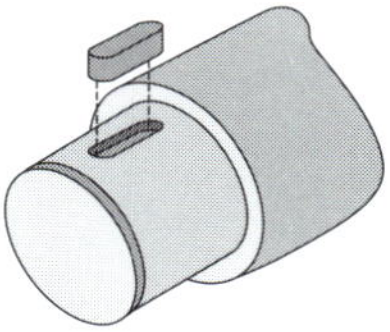

<table>
<tr><th colspan="2">軽荷重用のキー</th></tr>
<tr><td colspan="2">軽荷重用のキーには、くらキーと平キーがある。</td></tr>
<tr><th>くらキー</th><th>平キー</th></tr>
<tr><td>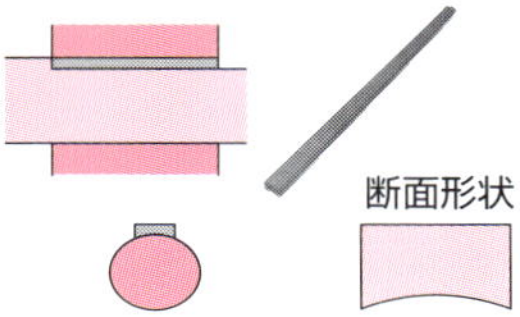</td><td>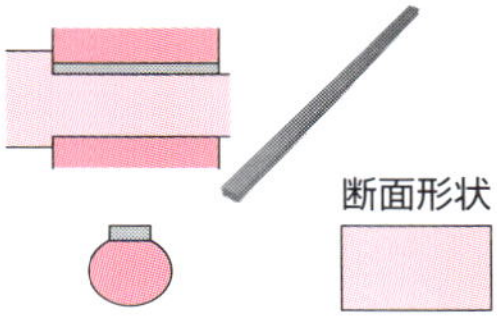</td></tr>
<tr><td>くらキーは、軸穴側のみを溝加工
キーの下面は軸の曲率に合わせて円弧状に加工
キーと溝に勾配あり</td><td>平キーは、軸穴に溝加工、軸の一部を平面に加工
キーの断面形状は長方形
キーと溝に勾配あり</td></tr>
<tr><th colspan="2">動力伝達用のキー</th></tr>
<tr><td colspan="2">動力伝達用のキーには、平行キーと勾配キーがあり、いずれも軸と軸穴の両方に溝加工を施し、この溝にキーをはめ込んで使用する。</td></tr>
<tr><th>平行キー</th><th>勾配キー</th></tr>
<tr><td>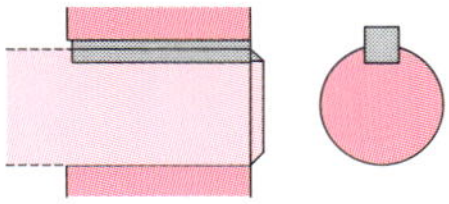</td><td>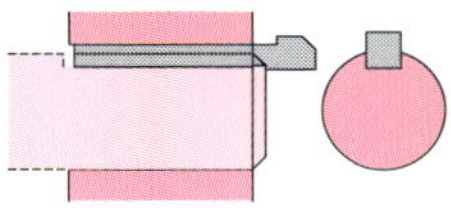</td></tr>
<tr><td>キーに勾配がない</td><td>キーに勾配がある(1/100程度)</td></tr>
</table>

スプラインとセレーションの違い

角形スプライン

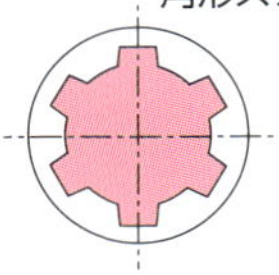

インボリュートスプライン

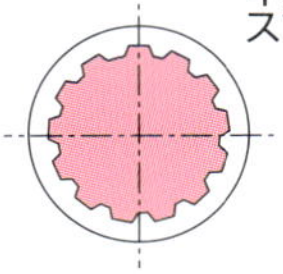

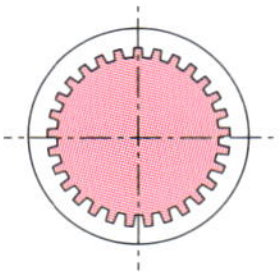

スプライン

キーに相当する歯を軸に直接設けたもの

- 歯型の断面形状によって、角形スプラインやインボリュートスプラインに分類される
- 固定してない場合は、軸方向へ移動しながらトルク伝達が可能
- 伝達トルクは、キーよりも大きい

セレーション

スプラインの歯数を多くし、歯の高さを低くしたもの

- 軸と軸穴を強力に固定
- 歯形の断面形状によって、三角場セレーションや、インボリュートセレーションに分類される
- 最も大きな伝達トルクである

35 シール

流体の漏れを止める力持ち

シールとは、機械や装置内部の流体が外部に漏れないようにする装置の総称です。外部からの異物混入を防止する働きも持っていて、あらゆる機械に幅広く使用されています。シールの種類としては、回転部分に使われる運動用シールと配管のフランジなどの固定部分に使われる固定用シールとに大別されます。

運動用シールとしては、メカニカルシールやグランドパッキン、Oリングなどがあります。どのシール方法を採用するかは、許容される漏洩量、流体圧力、回転体速度などの前提条件から選定していきます。

メカニカルシールは、回転する摺動環と固定された固定環という二つのリングの隙間にできたごく小さな隙間(約0・5~2・5㎛)の流体膜を利用したシール方法です。このときの漏洩量は3㎠/hr程度と非常に少なく毒性や可燃性の流体にも適用できます。一方、構造が複雑で高価であり、摺動面の液切れと固形物侵入に注意する必要があります。

グランドパッキンは、リング状あるいはスパイラル状のパッキンをスタッフィングボックスに詰め込んでいきます。グランドパッキンは構造が簡単ですが、内部の液体を少しずつ漏らしてパッキン自身の加熱防止と潤滑性を保持するため、若干の漏洩が発生してしまいます。

Oリングは円形断面を軸などの溝に装着して、圧縮することでシール機能を果たします。シール特性が優れており、また寸法や形状はJISやISOで規格化されているので安価で入手が可能です。材質としては、ニトリルゴムやシリコーンゴムなどのゴム類が多く使われています。7MPa(約70気圧)以上で用いる場合には、Oリングが外側にはみ出す現象を防止するためにバックアップリングを取り付けます。

固定用シールの代表例は、配管のフランジ面やエンジンのヘッドカバー取り付け部などに使われるガスケットです。締付け力で弾性変形させてシール力を保つので、適正な締付け力が大切になってきます。

要点BOX

- ●シールは外部漏れと、系内への異物混入を防止
- ●メカニカルシールは、摺動面の液切れと固形物侵入に注意

シールの種類

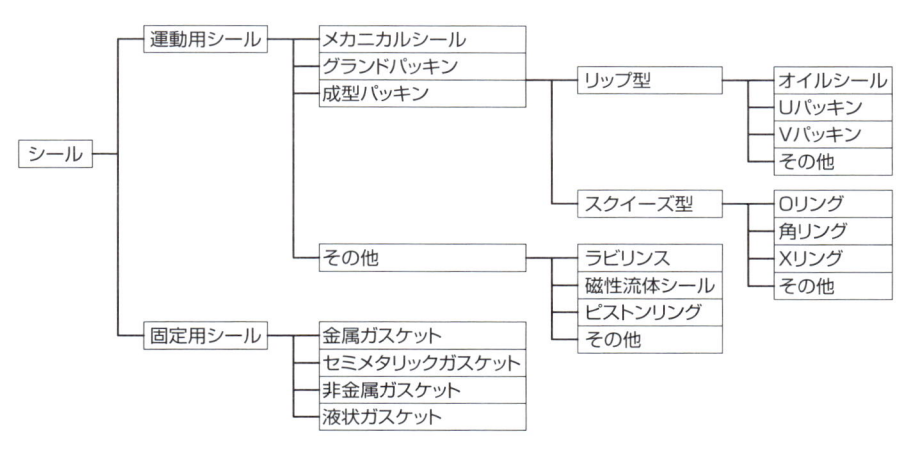

- シール
  - 運動用シール
    - メカニカルシール
    - グランドパッキン
    - 成型パッキン
      - リップ型
        - オイルシール
        - Uパッキン
        - Vパッキン
        - その他
      - スクイーズ型
        - Oリング
        - 角リング
        - Xリング
        - その他
    - その他
      - ラビリンス
      - 磁性流体シール
      - ピストンリング
      - その他
  - 固定用シール
    - 金属ガスケット
    - セミメタリックガスケット
    - 非金属ガスケット
    - 液状ガスケット

シール材に要求される一般的な特性

①使用流体の圧力や取り付け時の締付け力などで、破壊や変形が起こらないように十分な強度を持っていること。
②使用流体で腐食や孔食を起こさないこと。またシール材を通して流体が浸透しないこと。
③接面によくなじみ、接面からの漏れを防止できるだけの柔軟性、弾性を持っていること。
④長期間の使用でも、大きい永久ひずみを生じない材質であること。
⑤高温で軟化したり、低温で硬化しないこと。
⑥運動用シールでは、相手側に摩擦損失を起こさないような材質であること。

バックアップリングの役割

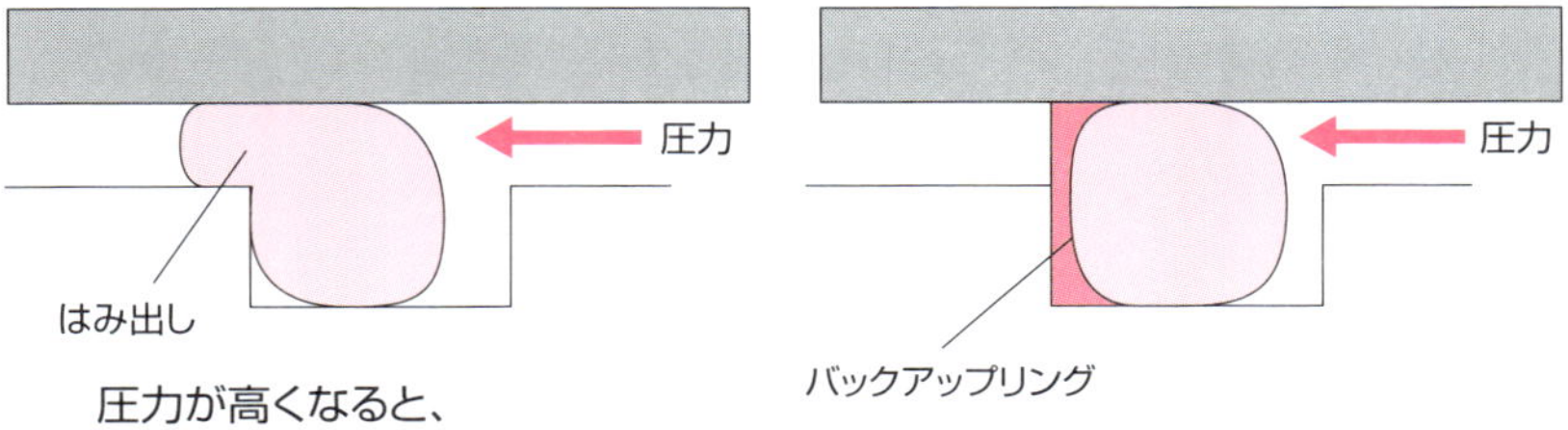

圧力が高くなると、
Oリングの一部にはみ出しが発生

Oリングのはみ出しを防止する

36 ピン、リベット、止め輪

小物で便利なピン、リベット、止め輪

ピンは、機械部品の連結や位置決めなどに用いられる機械要素部品です。ソリッドピンと中空ピンに分けられ、ソリッドピンには平行ピン、テーパピン、割りピンなどがあり、中空ピンにはストレート形スプリングピン、波形スプリングピンなどがあります。

平行ピンはあらかじめあけたリーマ穴を使うのに対して、テーパピンは組み付け時に現合穴をあけるため、高精度の組み付けが可能で分解後の再現性が高くなります。

スプリングピンはソリッドピンに比べ機械的性質が優れている上に中空のため軽量で、リーマ穴ではなくドリル穴で使用できるため、利用される機会が増えています。

リベットは、鋼板あるいは鋼材を重ねて板にあけた穴に通して、通した先をかしめて接合します。頭部の形状が丸形、平形、皿形のものに分けられます。またブラインドリベットといって、片側からだけで作業することができるリベットもあります。

リベットによる接合は脱着を繰り返すことはできませんが、ネジ穴加工が不要であったり、コストが安く、溶接に比べて簡単などのメリットがあります。

止め輪とは、主に軸または穴に切削された溝にはめ込み、相手部品が外れないようにする締結用機械要素です。形状の違いによって、C形止め輪（軸・穴用）、C形同心止め輪（軸・穴用）、E形止め輪（軸用）があります。C形止め輪は軸の長手方向から着脱する一方、E形は軸の径方向から行います。C形はE形に比べて、スラスト方向の力に耐えられる一方、着脱が面倒です。また、軸の溝を必要としないグリップ止め輪（軸用）もありますが、止め輪と軸との摩擦力でスラスト荷重が変化して安定しません。

これらのピン、リベット、止め輪の使用を検討する場合には、材料力学による強度計算を行って使用上問題がないかを確認します。

要点BOX

- ピンは機械部品の連結や位置決めを行う
- リベットは鋼板の接合を行う
- 止め輪は部品の締結に用いる

ピン

止め輪

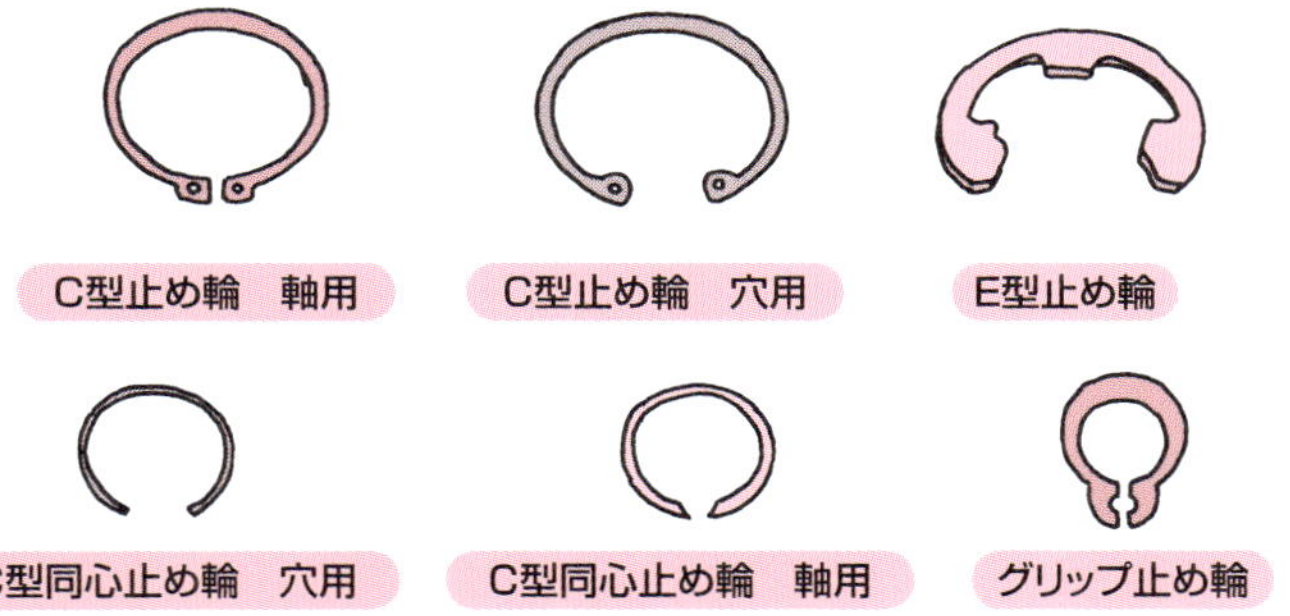

止め輪着脱器具

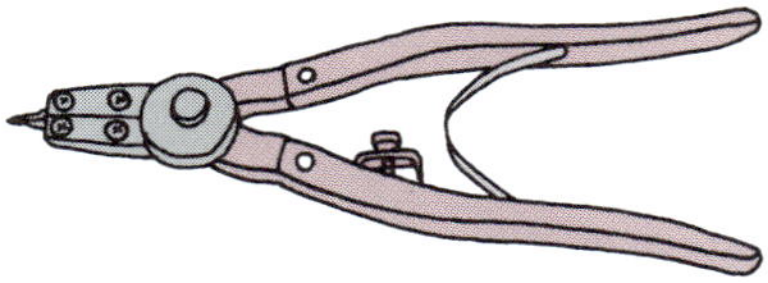

C形止め輪を軸のスラスト方向から着脱する専用器具

C形用プライヤー

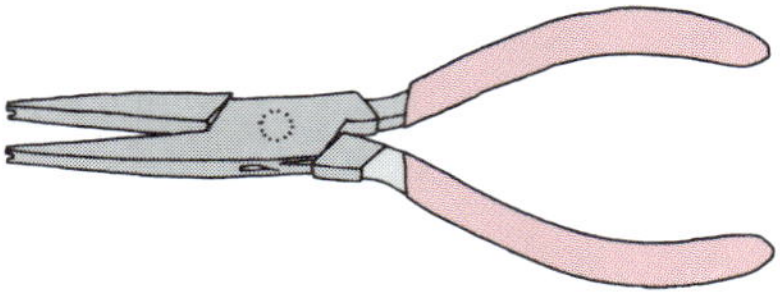

E形止め輪を軸のラジアル方向から着脱する専用器具

E形用プライヤー

リベット

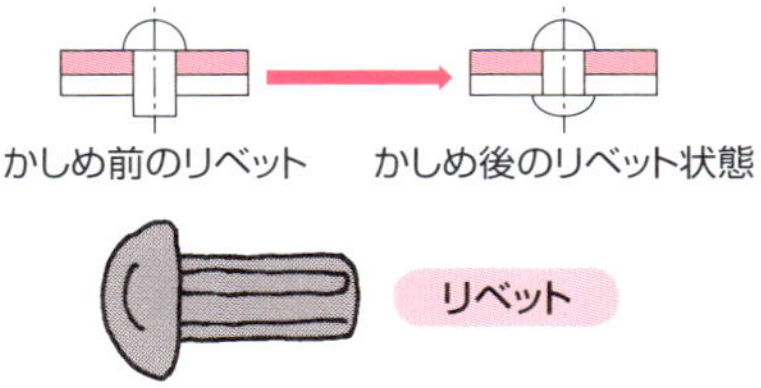

ブラインドリベット

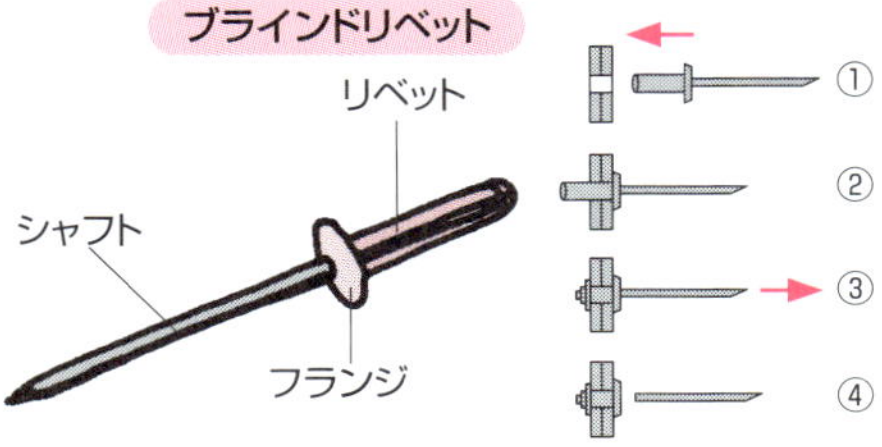

①リベット部を穴に挿入　②穴に入れた状態　③専用器具でシャフトを引く（反対側がかしめられる）　④シャフトをカット

37 歯車・スプロケット

動力の伝達に欠かせない機械要素

歯車は、歯と歯が噛み合うことによって動力を伝達する機械要素です。英語は「gear」で、日本のJIS規格の表記ではギヤと呼んでいます。歯車は、歯車の形状や歯のピッチによって、回転運動の向きを変えたり、さらには回転速度や力の強さを変換したりすることができます。また、円滑な動作のために設けたバックラッシ（巻頭キーワード解説参照）が原因で不具合が生じることがあります。

一般的に、歯車の歯の形状は数学的な計算から求められたインボリュート曲線で作られています。インボリュート曲線は、論理的には滑りがなく、製造が容易であるなど多くの利点があります。

また、歯車の種類は、形状や用途、材質などによって様々に分けることができますが、一般的には、二つの歯を組みわせた時の軸の相対位置によって分類されています。２軸が互いに平行である歯車には、平歯車（スーパーギヤ、ピニオンギヤ）、はすば歯車（ヘリカルギヤ）などがあります。２軸が１点で交わる歯車には、かさ歯車（ベベルギヤ）などがあります。２軸が平行でもなければ交わることもない歯車には、ハイポイドギヤ、ウォームギヤなどがあります。

一方で、軸の回転をローラーチェーンに伝達したり、ローラーチェーンの回転を軸に伝達するための歯車を「スプロケット」といいます。チェーンと組み合わせて動力を伝える歯車状のものであることからチェーンホイールとも呼ばれています。円盤の外周にチェーンのローラーとかみ合う歯が付いているため、歯形は、歯車どうしでかみ合う歯車（ギヤ）の歯形と全く異なります。歯数はT（ティー）または丁（ちょう）を付けて表します。例えば、歯数が14歯の場合は、14Tまたは14丁と呼びます。

スプロケットは、キーなどにより固定され、形状はボスの有無によりA型（平板型）、B型（片ボス型）、C型（両ボス型）などがあります。

要点BOX

- ●歯車は歯の噛み合いで動力を伝達する
- ●スプロケットはチェーンと組み合わせて動力を伝達する

歯車の分類

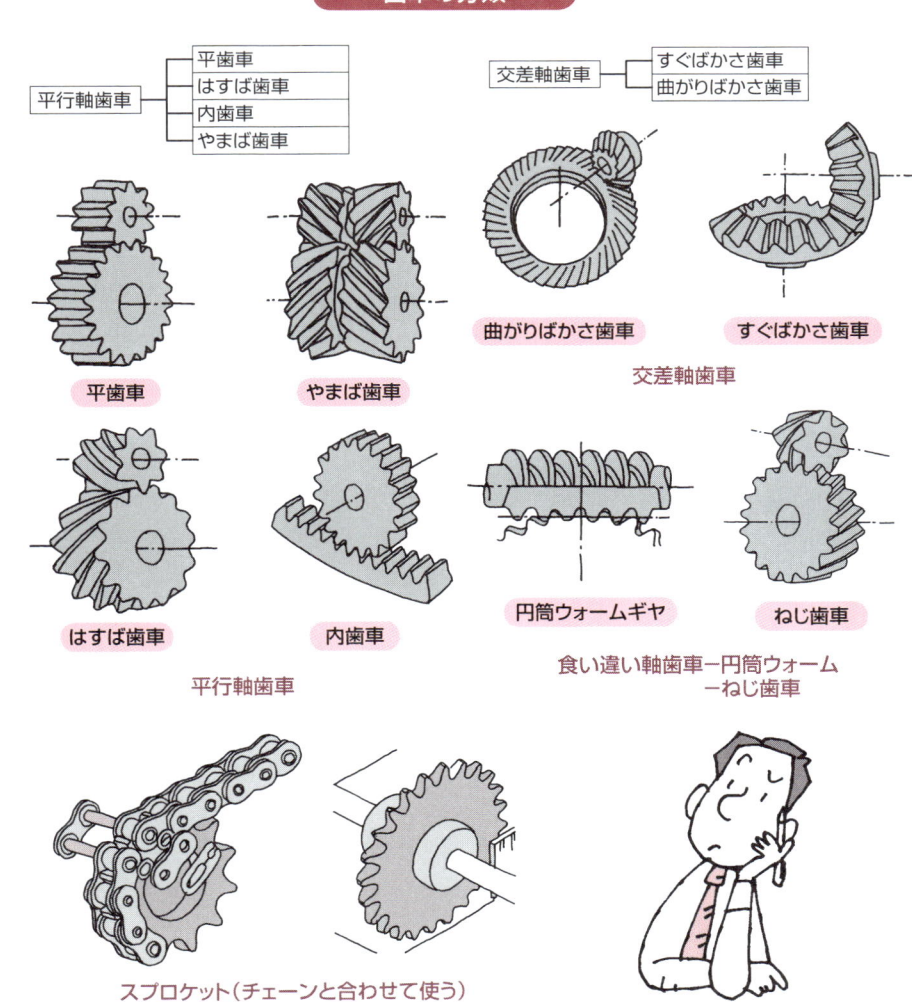

- 平行軸歯車
  - 平歯車
  - はすば歯車
  - 内歯車
  - やまば歯車
- 交差軸歯車
  - すぐばかさ歯車
  - 曲がりばかさ歯車

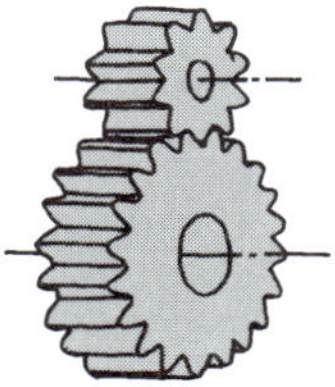
平歯車

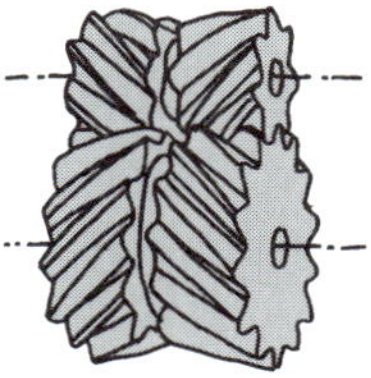
やまば歯車

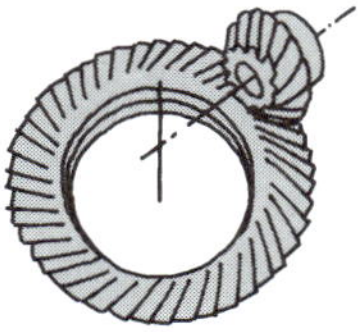
曲がりばかさ歯車

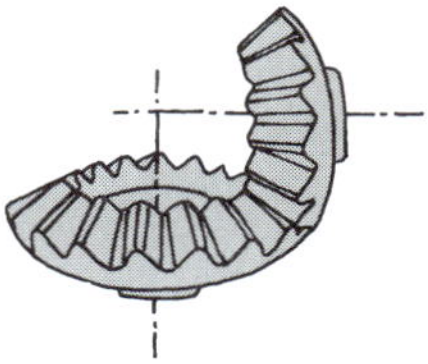
すぐばかさ歯車

交差軸歯車

はすば歯車

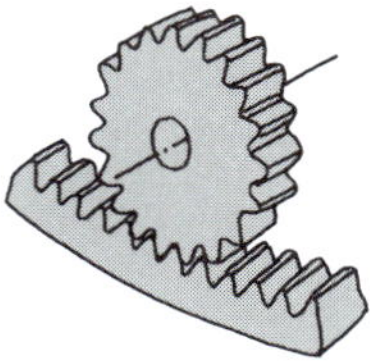
内歯車

平行軸歯車

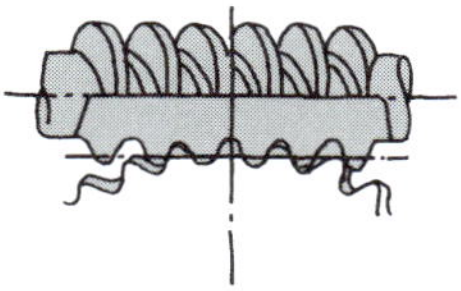
円筒ウォームギヤ

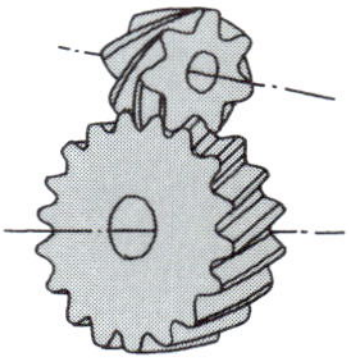
ねじ歯車

食い違い軸歯車ー円筒ウォーム
ーねじ歯車

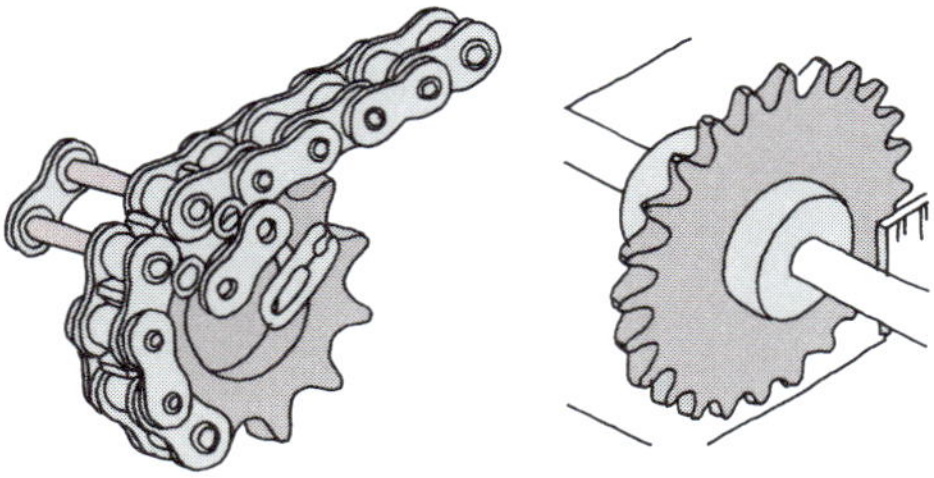
スプロケット(チェーンと合わせて使う)

歯車の余談

五円玉には『稲穂、海、歯車』が描かれていて、それは日本の産業の主軸を表している」といわれています。稲穂は農業、海は漁業、歯車は工業。

38 ベルト、チェーン、プーリ

適切な要素を選定して動力を効率よく伝達する

ベルトとチェーンは、歯車（ギヤ）と同様に、動力を伝達し、回転数を変える機械要素です。自転車などの動力伝達に使われているチェーンは、滑りがなく、大きい動力を確実に伝えることができる機械要素です。チェーンは前章で説明したスプロケットと共に用います。ベルトに比べて重いという欠点があるため、比較的遅い運動速度の機械に使用されます。ベルトによる動力伝達は、ゴムなどの軟質材料を使用しているため、軽量で静粛であるという特徴があり、プーリと共に使用します。また、衝撃的な荷重をベルトで吸収でき、潤滑油も不要で、バックラッシ（巻頭キーワード解説参照）をなくせることが大きな長所です。ベルトの種類には、平ベルト、Vベルト、タイミングベルトなどがあります。一般的に、これらの部品はJIS等で規格が定まっており、業界標準品として市販されていますので品質は安定しています。ここで、設計者は、ギヤ、チェーン、ベルトを使用目的ごとに使い分けるようになることが重要になります。選定をする際の基準は軸間距離、減速比率、伝達動力、伝達方向、伝達効率、メンテナンス性などから行います。軸間距離が離れると、ギヤは歯車列駆動となり重量が増えるため、チェーンかベルトを使用します。ベルト、チェーンよりもハイポイド等の特殊なギヤを使用すれば減速比を大きく落とせるため小型化にギヤは有利です。伝達動力が大きい順は、ギヤ、チェーン、ベルトであり、一対の組み合わせならばギヤの伝達方向は互いに反対になりますが、チェーンとベルトは同じ向きで回転します。伝達効率はギヤ：80～95%、ベルト：80～90%、チェーン：70～85%を目安に選定します。基本的にベルトはメンテナンスフリーとして考えます。油を貯めておけるギヤボックスを設計すれば、ギヤのメンテナンスも比較的容易です。最もメンテナンスを必要としているのがチェーンで、メンテナンスの仕方によっては伝達効率が悪くなります。

要点BOX

- ●動力を伝達し、回転数を変える機械要素
- ●動力の伝達効率は、ギヤ≧ベルト≧チェーン

チェーン機構はスプロケットとチェーンを使用

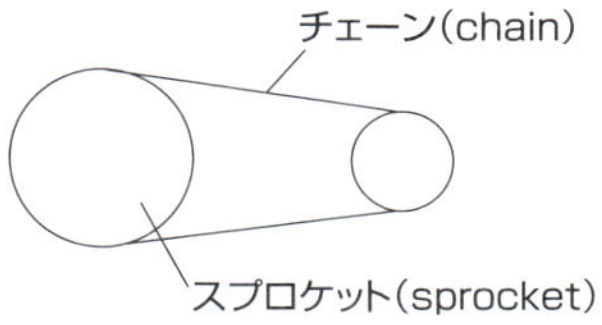

かみ合いを利用して
ベルトより大きな動力を伝えることができる。

チェーンの種類

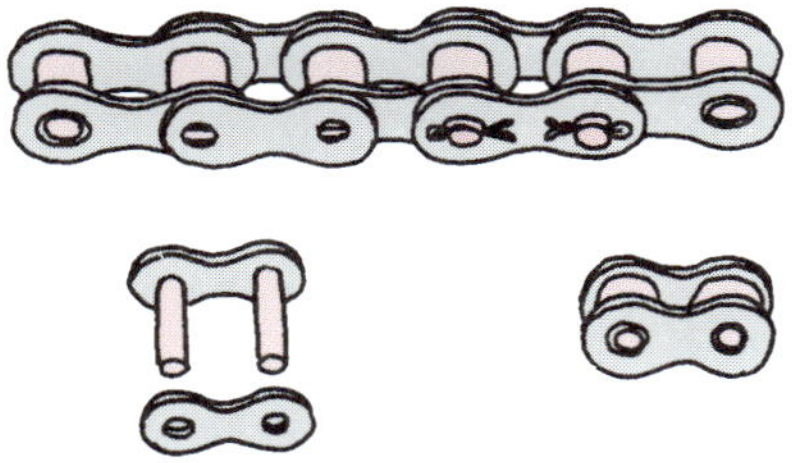

ローラーチェーン(roller chain)

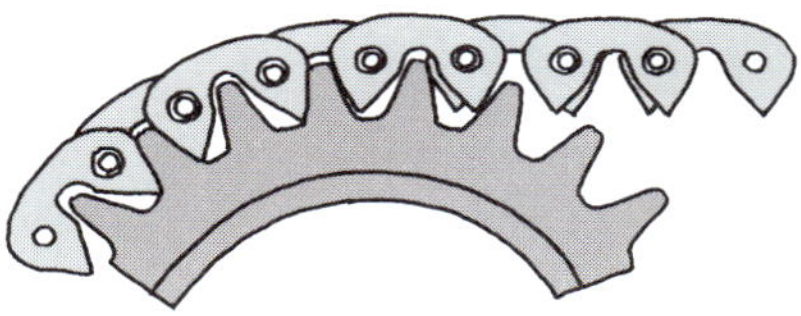

サイレントチェーン(silent chain)

ベルト機構はプーリとベルトを使用

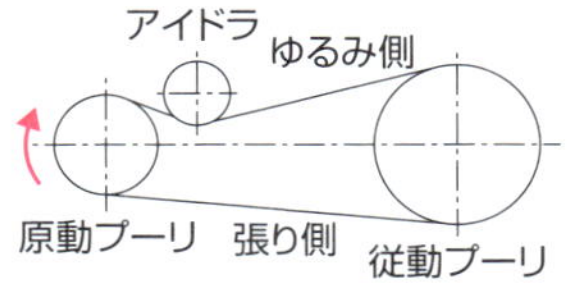

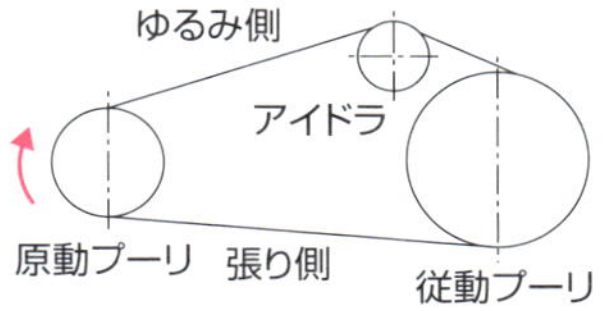

大きな中心距離をとることができる。
低振動、低騒音であるが、大動力は難しい。

ベルトの種類

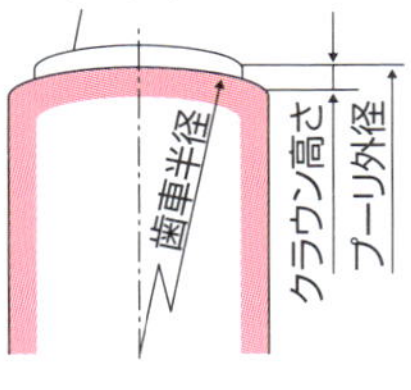

平ベルト
(flat belt)

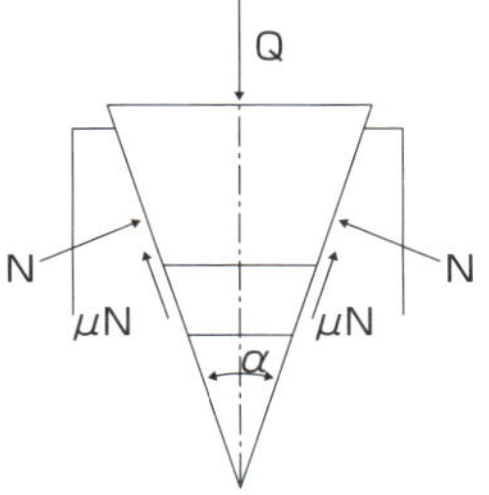

Vベルト
(V-belt)

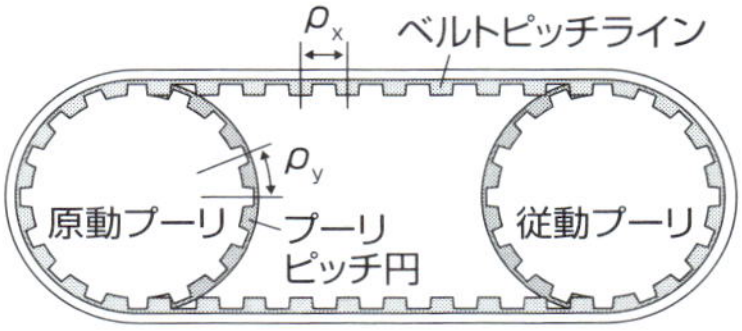

歯付ベルト
(synchronous belt)

39 管、継ぎ手

人間でいえば血管

管や継ぎ手は流体を運ぶためのもので、装置と装置の間を結ぶもの、人間でいえばまさに各臓器間を結ぶ血管に相当するところです。したがって、血管と同じように漏れがあったり、詰まりを起こしたりしないように設計することが重要です。

管や継ぎ手の設計では、まず使用する管の材質や肉厚、管同士や継ぎ手との接続方法などの仕様を決めます。

継ぎ手には、エルボやティー、レジューサーなどがあり、JIS規格で決められています。流体の使用温度や圧力、腐食性の有無、錆の混入を嫌うかなどで材質や管種が決まってきます。

例えば汎用的に使われるSGP管（JIS G 3452）は350℃以上の使用には不適なので、その場合には高温配管用炭素鋼鋼管であるSTPT管（JIS G 3456）などが選定候補になります。

また、管の厚みは設計圧力と腐れ代とで決まりますが、JIS規格ではスケジュール番号という用語で定義されています。スケジュール番号が大きくなるほど、肉厚が厚くなります。また、管同士の接続をねじ込みにするか、溶接にするかも決めておく必要があります。

管の材質等の仕様が決まると、次に管径を決定します。管径は、流量＝管の断面積×流速　の関係式から計算で求められます。ここで、流量はポンプやファンの性能に依存します。一方、流速については、流体の標準流速を参考にします。ただし、装置全体の性能とコストを最適化するような流速設定こそが、設計者の腕のみせどころです。流速を大きくして配管径を小さくすることは、装置のコストを下げることになります。しかし、配管での圧力損出が大きくなって動力機器のモータ出力も大きくなり運転コストに響いたり、管内に腐食（エロージョン）が発生して装置の寿命を短くする可能性もあります。

要点BOX

- ●管や継ぎ手はJIS規格で決まっている
- ●まず管の材質や接続方法を決めてから、管径を決定

継ぎ手の種類

継ぎ手の種類	役割
フランジ	二つの管をボルトナットで直線的に接続
エルボ	流体の方向変換
レジューサー	管径異なるものを接続
ティー	流体の分岐、集合
キャップ	管の末端の閉塞
ソケット	二つの管を直接的に接続（ねじ込み式）
カップリング	二つの管を直接的に接続（溶接式）
ユニオン	チューブ同士をユニオンナットとユニオンねじで挟んで接続
ブッシング	内外面に、異なるめねじとおねじが切ってある
ニップル	チュービングに使用。両端におねじがきってある
ハーフカップリング	一端を機器、他端をねじ込みまたは溶接で接続
伸縮管継手	膨張、収縮の吸収

管内の標準流速

流体の種類	標準流速（m/s）
一般ガス（0.2 ～ 0.3MPa）	15 ～ 30
一般ガス（0.7MPa 以下）	7 ～ 15
排ガス（ダクト内）	2 ～ 3
飽和蒸気（5MPa 以下）	20 ～ 30
低粘度液体	1 ～ 3
高粘度液体	0.5 ～ 2
遠心ポンプ入口	0.5 ～ 2
海水	1.2 ～ 2
工業廃水	0.5 ～ 0.8
混相流（穀物、微粉炭、セメント等）	15 ～ 40

管のスケジュール番号とは

スケジュールは 5 ～ 160 に分類されている。
JIS では、10、20、40、80、160 などがある。
スケジュール番号が同じであれば、同じ材料ならば、
管サイズに関係なく同程度の圧力まで使用が可能である。

$$スケジュール番号 = \frac{P}{s} \times 1000$$

P：管の設計圧力（MPa）
s：材料の許容応力（N/mm^2）

継ぎ手の例

エルボ

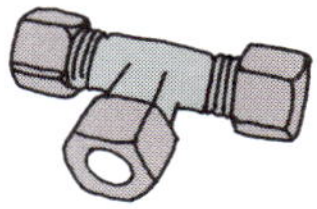
ティー

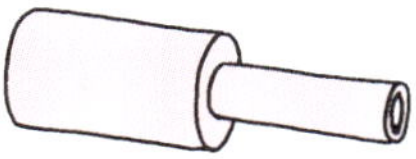
レジューサー

Column

中国CCC制度とGB規格

尖閣諸島問題の影響で、自動車をはじめとした日本製品の販売は落ち込んでいます。しかしながら、市場の大きい中国では、まだまだ中国向け機械の設計に直面する設計者は、今後も増えることがあっても少なくなることはないでしょう。

中国向けに輸出する場合、CCC強制認証（以下CCCと略）を取得する必要のある製品があります。認証とは中国に輸入される機械が、自国の品質や安全の基準に合っているかどうかを確認するものです。このCCCは、ヨーロッパ向け製品のCEマーキングとよく似ています。しかし、CEマーキングでは製作者側の自己宣言による適合が認められているのに対して、CCCでは中国政府認可の認証機構による国家認定しか認められていません。強制認証を必要とする製品は、この制度ができた2002年当時は19製品132品目でしたが、その後追加されています。

CCCに沿った機械を設計するためには、中国の法律と規格の両方に適合する必要があります。法律への適合では、中華人民共和国製品品質法（略称：中国製品品質法）、中華人民共和国標準化法（略称：中国標準化法）、中華人民共和国輸出輸入商品検査法（略称：中国輸出輸入商品検査法）の三つの法律と、中華人民共和国認証認可条令の一つの条令に適合する必要があります。規格への適合では、品質管理の能力と機械の安全性が審査されます。品質管理では、機械を生産する企業の品質保証能力が問われ、国家認定を実施する機関により生産工場での実地審査も行われます。

中国の規格には、国家規格、業界規格、地方規格、企業規格などがありますが、その中でも国家規格が最も重要でGB規格と呼ばれています。GB規格には約20000規格ありますが、そのうち強制国家規格に該当するものが約3300あります。GB規格は分野ごとにアルファベットのA～ZのIとOを除く24の分野に分類されていて、機械類はJに分類されています。

GB規格にはISO等の国際標準と整合がとられているもの、中国独自の規格などがあります。しかし、GB規格一覧表を見れば、その規格が国際規格と整合性がとれているかを確認できるので、設計者としては設計の指針となります。

第6章

機械要素　その2

40 カップリング（軸継ぎ手）

二つの軸を連結する軸継ぎ手

カップリングとは軸と軸を連結するための軸継ぎ手のことで、入力軸から出力軸にトルクまたは回転数または回転角などを伝達するものです。既製品が豊富にあるため、通常その中から選定します。構造の違いから、ディスク形、オルダム形、スリット形、ジョー形などの種類があります。

選定するにあたっては、まず以下の条件、性能がどこまで必要かを検討して、それにあった型式のカップリングを探します。

・入力軸と出力軸の回転速度は同じか、違うか
・正転、逆転可能か、不可能か
・バックラッシ（巻頭キーワード解説参照）があるか、ないか
・メンテナンス（給油など）が必要か、不要か
・どのような環境（温度など）で使用するのか

次に挙げる①〜⑥の項目を検討して、目的にあったものを選定します。

①許容トルク［N·m］
②入力軸と出力軸にかかるスラスト荷重［N］とラジアル荷重［N］
③最大許容取付誤差（偏心［㎜］、偏角［°］、軸方向変位［㎜］）
④最高回転数［min^{-1}］
⑤慣性モーメント［$kg \cdot m^2$］（巻頭キーワード解説参照）
⑥質量［kg］

実際に使用する箇所のスペースや使用状態、コストなどを考慮して、最終的に次のことを決定します。

①形状（外径、内径、幅などの寸法）
②軸との連結方法（止めねじ、抱き締めなど）
③材質（ステンレス、アルミ、樹脂など）

近年ますます高精度で高応答なカップリングが求められています。そのため、さらに軽量化、高剛性化、小型化が進んでいます。

要点BOX
●豊富な既製品から選定
●軽量、高剛性、小型化が進む

カップリングの種類

種類	構造	特徴	備考
ディスク形	金属の板バネのたわみを利用	高ねじり剛性で高応答	サーボモータに最適
オルダム形	キーとキー溝のすべりとたわみを利用	大きな偏心、偏角を許容	電気絶縁性がある
スリット形	らせん状のスリットが入った一体構造	バックラッシ・レスで高回転精度	低慣性モーメント
ジョー形	緩衝材をはさみこんだ構造	振動や衝撃を吸収する	軽量・コンパクトで安価

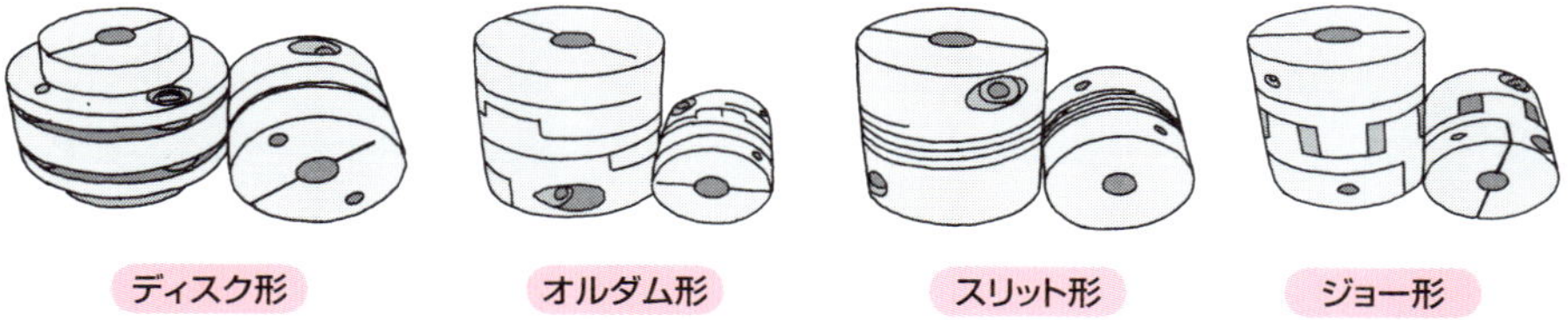

カップリングと軸との固定方法

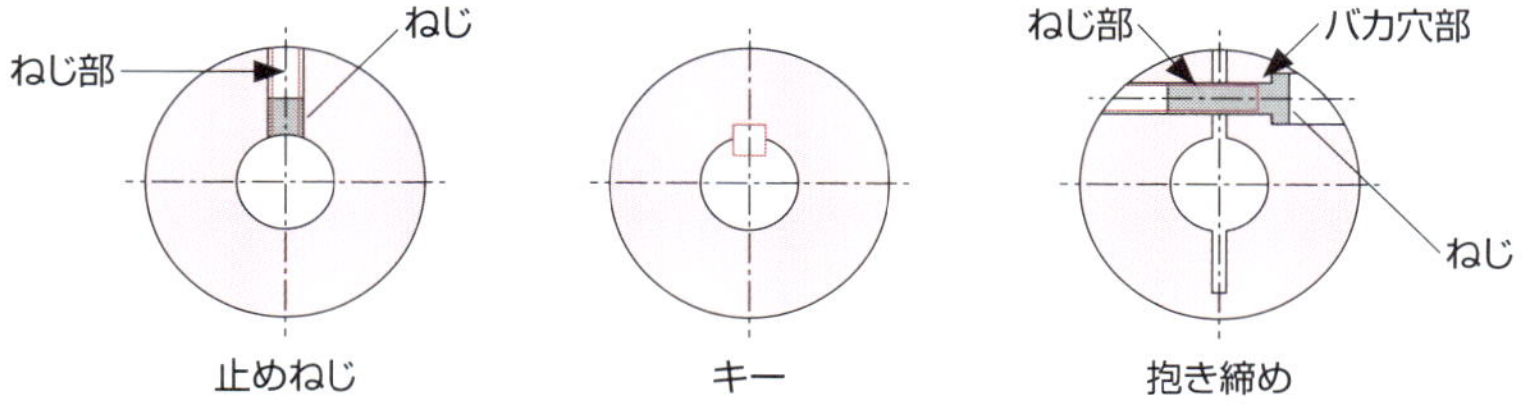

カップリングの許容取付誤差

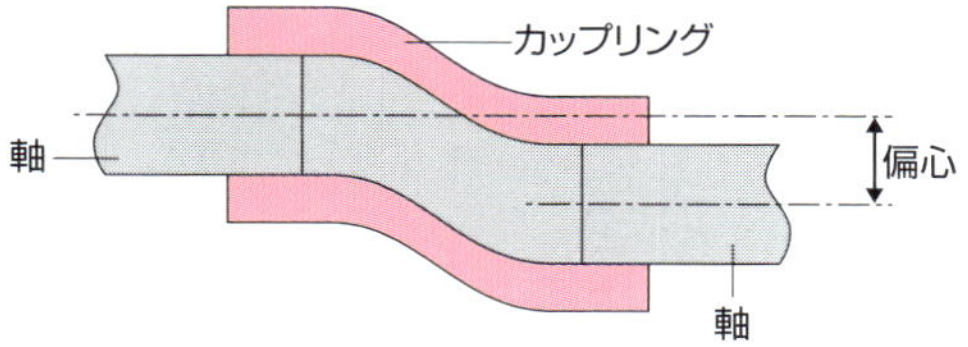

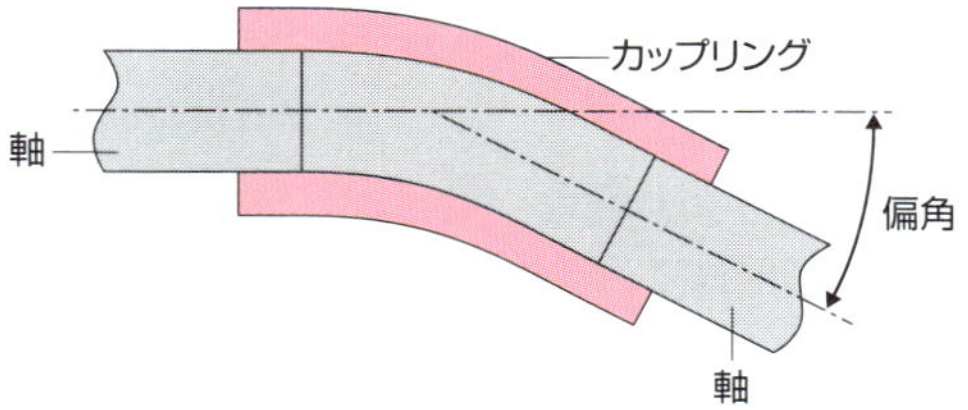

41 ボールねじ、ガイド

ボールねじとガイドは高速、精密移動に不可欠

ボールねじとは、ねじの山の代わりにつる巻き状の溝を設け、そこに鋼球を入れて低摩擦で回転運動をさせるものです。回転運動を直線運動に変換したり、直線方向の精密な位置決めや力を増幅する場合に利用されます。大きな特徴としては、高効率、長寿命で、さらにボールねじに「予圧」を与えることで、剛性を向上させて「バックラッシ」をなくすことができます（巻頭キーワード解説参照）。一方、耐衝撃性、減衰性に劣っていて、異物の侵入に弱く、ボールによる振動や騒音が発生します。ボールねじ選定時は、荷重、速度、加速度、移動距離、位置決め精度、スペース、取付方法、寿命、使用環境、潤滑などを考慮します。メーカーのカタログを参考にして、メーカーと打ち合わせをしながら使用実績や経験的ノウハウを参考にして、採用する型式、仕様を決定します。

ガイドとは、力や重さを支えながら物体を直線運動させて、動力や変位を伝える案内として使われる機械要素です。ガイドはその機構から次の四つに大別できます。

①すべりガイド：二つの物体間に潤滑剤を介在させて、油膜を形成してすべらせる。

②静圧ガイド：二つの物体間に圧力を持った流体を強制的に供給して、非接触で移動させる。

③ころがりガイド：二つの物体間に転動体を設けて、ころがり接触により摩擦を低減させる。

④磁気浮上ガイド：磁力の反発あるいは吸引によって、二物体を非接触で移動させる。

採用は、それぞれの特性や実績などを考慮して決定します。従来はすべりガイドがよく用いられていましたが、近年では長期安定性や取り扱いの容易さから、ころがりガイドのリニアガイドが用いられるようになっています。使用条件が限定されたり、高価ではありますが、より高精度、高信頼性を要する場合は静圧ガイドや磁気浮上ガイドが用いられます。

要点BOX

●ボールねじは、精密位置決めと力の増幅
●ガイドにはすべり、静圧、ころがり、磁気浮上

ボールねじのボール循環方式

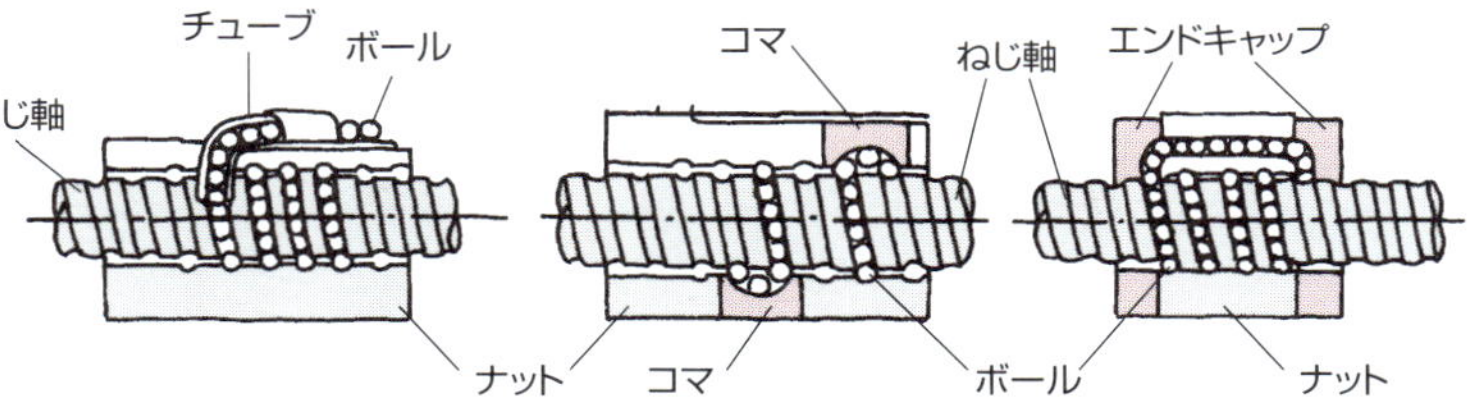

チューブ循環式　　コマ循環式　　エンドキャップ循環式

リニアガイドの構造

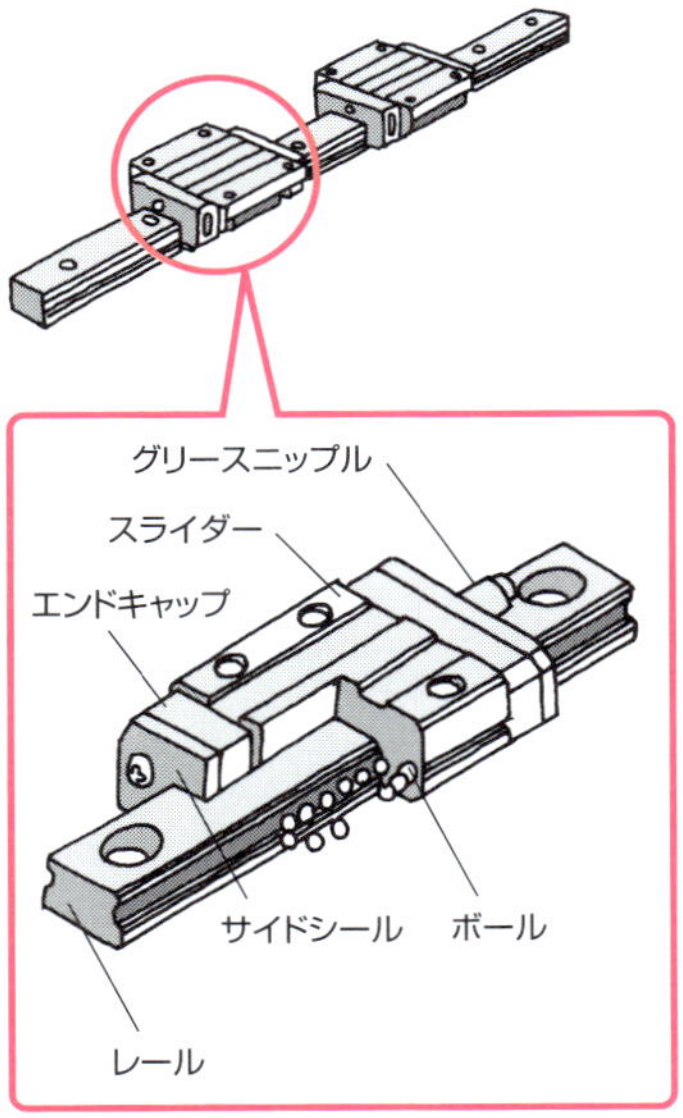

ボールねじおよびリニアガイドの選定方法例

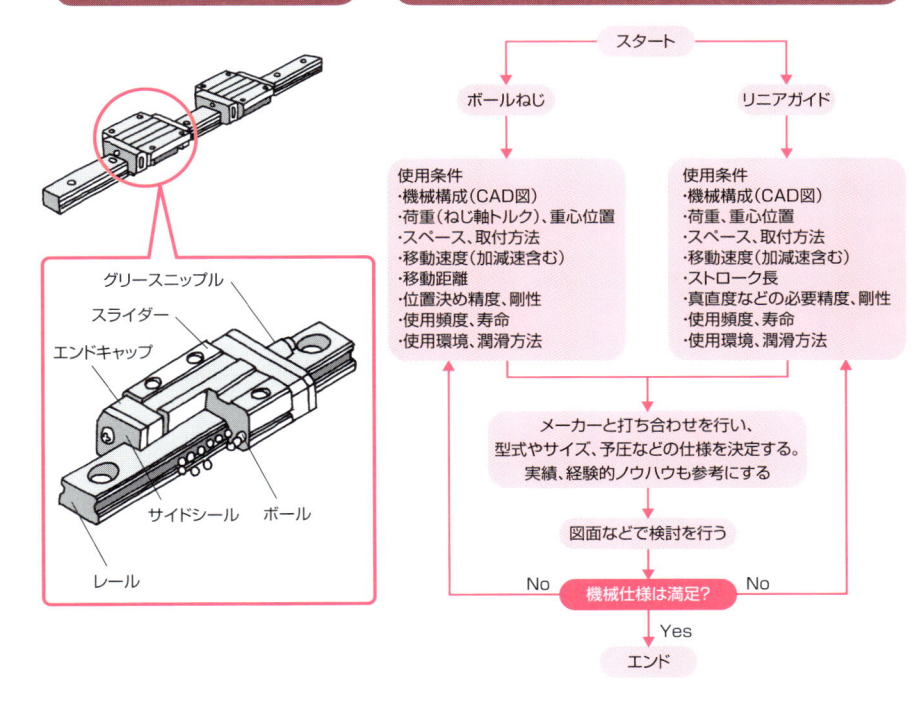

スタート

ボールねじ

使用条件
・機械構成（CAD図）
・荷重（ねじ軸トルク）、重心位置
・スペース、取付方法
・移動速度（加減速含む）
・移動距離
・位置決め精度、剛性
・使用頻度、寿命
・使用環境、潤滑方法

リニアガイド

使用条件
・機械構成（CAD図）
・荷重、重心位置
・スペース、取付方法
・移動速度（加減速含む）
・ストローク長
・真直度などの必要精度、剛性
・使用頻度、寿命
・使用環境、潤滑方法

メーカーと打ち合わせを行い、
型式やサイズ、予圧などの仕様を決定する。
実績、経験的ノウハウも参考にする

図面などで検討を行う

機械仕様は満足?　No → 使用条件へ戻る

Yes

エンド

使用上の注意点

ボールねじ、ガイドを使用する上では、潤滑、異物の混入、取付誤差、メンテナンスなどの取り扱いに十分注意することが大切です。

42 クラッチ

二軸間の回転運動を断続させる

クラッチとは、二つの軸の回転運動を断続させるために用いる継手です。機械的な操作で作動するクラッチとしては、かみ合いクラッチと摩擦クラッチがあります。その他、電磁力を利用した電磁クラッチや油などの流体を仲介にする流体クラッチがあります。

〈機械式クラッチ〉

・かみ合い式…さまざまな形状の接合部をかみ合わせて、2軸間の動力を伝達します。動力の伝達は確実ですが、接合面の加工が難しかったり使用条件の制約が生じます。

・摩擦式…接合面を押し付けることで生じる摩擦力によって、2軸間の動力を伝達します。摩擦力を安定させることが必要になりますが、構造が簡単で回転中に着脱できるため広く用いられています。

〈電磁クラッチ〉

通電の有無によって、電磁力を制御して2軸間の動力を伝達します。高価ですが既製品の種類が豊富で扱いやすいため、今後も適用が増えると考えられます。

〈流体クラッチ〉

流体で満たされた密閉容器中で、入力軸の羽根車の回転が流体を介して出力軸の羽根車に伝わることで、2軸間の動力を伝達します。トルクや回転数を連続的に調整できる一方、流体の摩擦や温度上昇によりエネルギー効率はよくありません。

設計時にどのクラッチを用いるかは、使用する場所や使用方法を考慮して、伝達トルクの大きさ、回転数、スペース、寿命、環境、コストなどを検討して選定します。

従来の実績や同じような使用箇所で使われているものを参考にして、それぞれのクラッチのメリット、デメリットをよく理解したうえで決定します。

要点BOX

●機械的操作で作動する機械式クラッチ
●電磁クラッチや流体クラッチもある

クラッチの種類

クラッチの種類	方式	型式	備考
機械式クラッチ	かみ合い式	ジョウ	三角、角、台形、スパイラル
		歯形	小型の歯（ツース）
		歯車	歯車形状
	摩擦式（湿式、乾式）	ディスク	摩擦面が円盤状の面
		ドラム	摩擦面が円筒状の面
		円錐	摩擦面が円錐状の面
		遠心	回転時の遠心力を利用
電磁クラッチ	かみ合い式	歯形	小型の歯（ツース）
	摩擦式（湿式、乾式）		摩擦板を押しつけ合う
	空隙式	パウダ	ロータ間に磁性粉体を封入
		ヒステリシス	磁性材ロータ間のヒステリシス損失
		インダクション	電磁誘導により伝達トルク発生
		静電気	静電気による吸引力
流体クラッチ	—	—	別名：フルードカップリング

クラッチの構造例

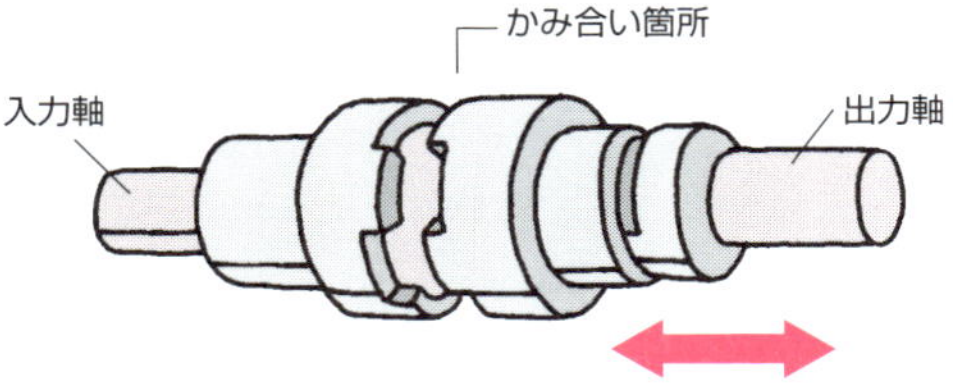

機械式クラッチ—かみ合い式—ジョウ—

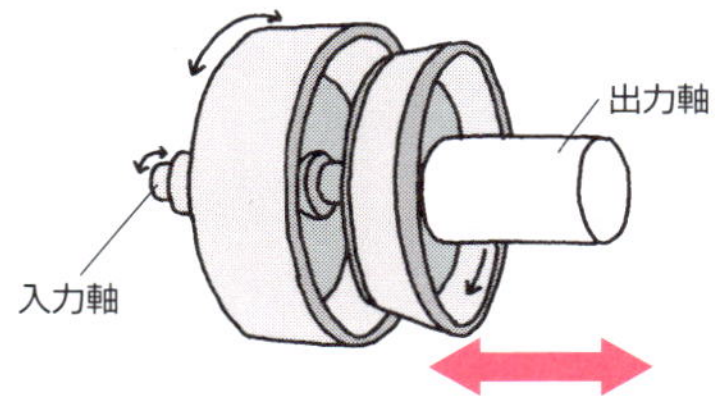

機械式クラッチ—摩擦式—円錐—

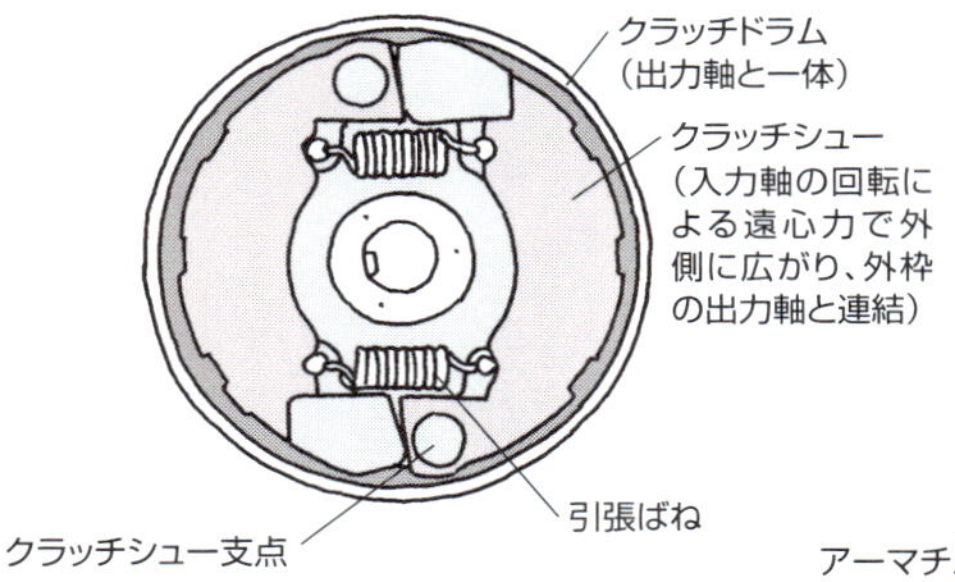

機械式クラッチ—摩擦式—遠心—

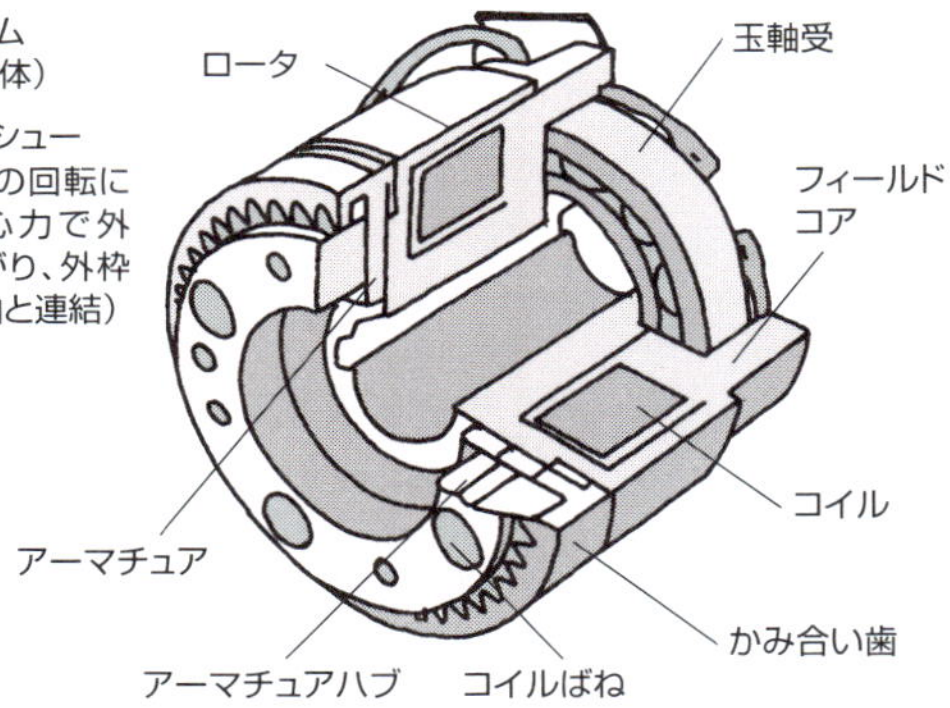

〔コイルが電流によって励磁されると、ロータがアーマチュアを引き寄せ、ロータ（入力軸）部の歯とアーマチュア（出力軸）の歯がかみ合う〕

電磁クラッチ

43 ブレーキ、レバー

ブレーキによる減速とレバーによる動作変更

ブレーキには、機械的な摩擦力を利用する摩擦式ブレーキと、電磁力を利用する電磁式ブレーキがあります。現在では、摩擦式ブレーキの発達が進んでいるため、自動車、鉄道車両、航空機の減速に使用されています。摩擦式ブレーキの代表には、回転する円盤状のディスクロータに摩擦材（パッド）を押しつけて停止させるディスクブレーキと、回転する円筒状ブレーキドラムの内面に摩擦材（ブレーキシュー）を押しつけて停止させるドラムブレーキがあります。

ディスクブレーキは、制動力が安定、摩擦材の交換が容易、制動力が低い、パーキング装置のコストが高いという特徴があります。一方のドラムブレーキは、制動力が高く、パーキング装置のコストは安いですが、制動力が不安定、摩擦材の交換が面倒という短所があります。

ブレーキは、その運動量を摩擦によって発生する熱エネルギーに変換するため、ブレーキパッドとブレーキディスクは瞬間的に数百度という温度に達します。熱はブレーキディスクへのひずみや熱係数の変化による制動力の低下、ブレーキフルードの沸騰（ベーパロック）の原因となります。そこで2枚のディスクを合わせその間に空気が抜けるような構造とした「ベンチレーテッドディスク」や放射状に溝を施した「スリットローター」などの工夫が試みられています。

次に、機械が動作するときのトルクや速度などを調節するために使用される機械要素にレバーがあります。レバーは、一般的には長い棒状で、固定された支点があり、支点に対してレバーの端部を動かすことで操作させます。てこの原理を用いて機械の動作状態を変更できるため、多くの機械に用いられています。例えば、リンク装置はレバーとクランクの組み合わせで、多種多様のスライダ機構が得られます。また、自転車の速度を減少するために使われるブレーキレバーは、ブレーキとレバーを組み合わせたものです。

要点BOX

- ●ブレーキには摩擦式と電磁式がある
- ●レバーによって、トルクや速度を調節

摩擦ブレーキの種類

押しつけ方	ブレーキ	種類	用途
軸方向に押しつける	円板ブレーキ		鉄道車両、自転車、一般機械
	円すいブレーキ		一般機械
半径方向に押しつける	ブロックブレーキ	単ブロックブレーキ	プロニブレーキ（動力測定）
		複ブロックブレーキ	その他一般
	ドラムブレーキ（拡張ブレーキ）		自動車
	帯ブレーキ（バンドブレーキ）		自動車
電磁クラッチを応用したもの	電磁ブレーキ		鉄道車両、自動車、工作機械
荷重自身を利用する方法	自動荷重ブレーキ	ウォームブレーキ	チェーンブロック
		ねじブレーキ	起重機、落下速度制御
		カムブレーキ	落下方向の回転止め
		遠心ブレーキ	落下速度制御

ブレーキ材料の摩擦係数と押しつけ圧力

摩擦材料	摩擦係数 μ	押しつけ圧力 p (0.1MPa)	使われ方・具体的な材質など
鋳鉄	0.10 ～ 0.20	9.5 ～ 17.5	乾燥
	0.08 ～ 0.12		潤滑
鋼鉄帯	0.15 ～ 0.20		乾燥
	0.10 ～ 0.20		潤滑
軟鋼	0.10 ～ 0.20	8.5 ～ 15	乾燥
黄銅	0.10 ～ 0.20		乾燥、潤滑
青銅	0.10 ～ 0.20	5.5 ～ 8.5	乾燥、潤滑
木材	0.10 ～ 0.35	2.0 ～ 3.0	潤滑
ファイバ	0.05 ～ 0.10	0.5 ～ 3.0	乾燥、潤滑
皮	0.23 ～ 0.30		
ウーブン系（織物）	0.35 ～ 0.60	0.7 ～ 7.0	木綿、アスベスト（石綿）
モールド系（練物）	0.30 ～ 0.60	3.5 ～ 18	アスベスト、レジン、ゴム、セミメタリック
シンタード系（焼結）	0.2 ～ 0.50	3.5 ～ 10	メタリック、サーメット

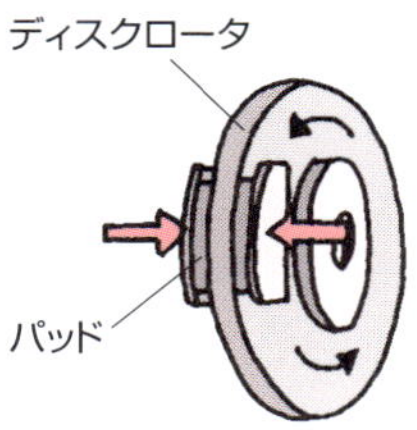

ディスクブレーキ

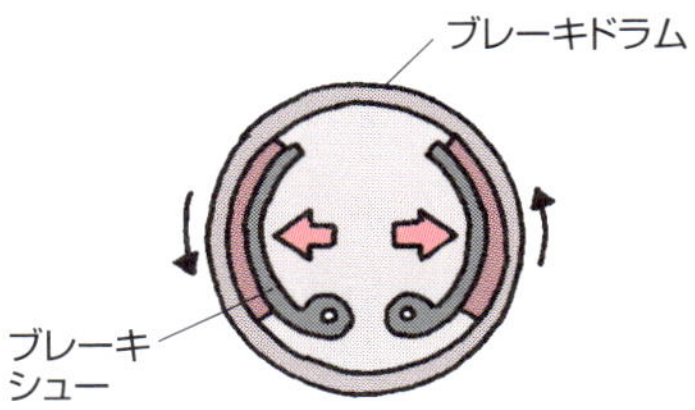

ドラムブレーキ

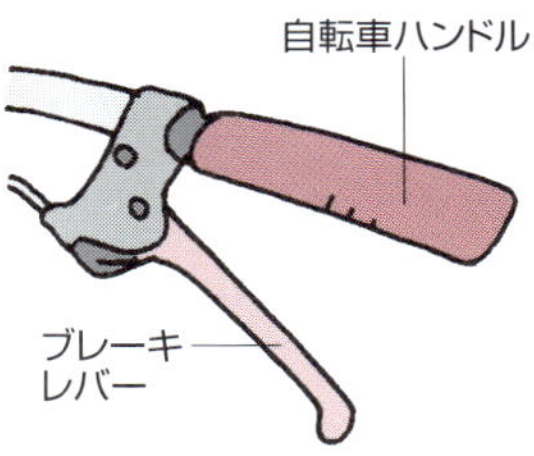

ブレーキレバー

44 弁

配管中の流体を制御

弁には、流体の流れを止める、流体の流量を調節する、流体の流れ方向を変える、逆流防止などの役割があります。

弁の型式には仕切弁、玉形弁、ボール弁など、色々ありますが、どの型式の弁を採用するのかは、その弁が使われる目的と流体の特性を理解することが重要です。

弁の仕様を決める上では、前述の弁の型式のほかに流量、流体の性質、適用法規、接続口の規格などを明確にする必要があります。

流体の性質とは、使用温度や圧力、腐食性があるかどうか、固形物を含んでいるかどうかです。

なお、流量を自動で調整する必要がある場合や遠隔操作でオンオフをする必要がある場合には、アクチュエータ（巻頭キーワード解説参照）を取り付けることもあります。

弁の仕様を決定する上で知っておくべき用語としてCv値があります。Cv値とは弁が全開の時に流れる流量で、弁の口径を決定するときに使われています。60°F（約15℃）の清水を弁前後の差圧を1psi（ポンド）に保って流した場合の流量をgpm（US gal/min）で表したときの数値です。

弁からの漏れにはグランドパッキン部から外気への外洩れと、弁閉止時に弁前後でしっかりと閉止できていない内洩れとがあります。

設計者として、流体の性質と運転方法をよく理解して洩れを最小にする対策をとることが大切です。

また、グローブ弁や逆止弁は取り付け方向が定まっているものもあります。設計者は、これらの弁が適切に設置されているかを確認する必要があります。

要点BOX

- ●使用目的と流体の特性を把握してから弁の選定を!
- ●弁には、取り付け方向が決まっているものもある

バルブの種類

分類		種類	特徴
バルブ	仕切弁	ゲート弁	バルブ開の時、流路が一直線になるので圧力損失が小さい 流量調節は困難、またシートが二ヶ所あるのでポケット部ができるので スムーチなどの高温流体には向かない
		Y型弁	バルブ内の液たまりがない
	玉形弁	グローブ弁	流量調節が可能であるが、圧力損失が大きいことと、 同サイズのゲート弁より重量が重くなることが欠点
		ニードル弁	弁体を円錐状にしてあるので、精密な流量調節にも対応可能
		アングル弁	流路を直角に変えることができる
	ボール弁		全開時には流路が一直線になるので、圧力損失がほとんどない サイズが大きくなると同サイズのゲート弁やグローブ弁より安価
	バタフライ弁		面間を短くすることができ、大型弁では経済的に有利 弁体が板状のためウォーターハンマや不平衡トルクが生じやすい
	特殊弁	ダイアフラム弁	高温や高圧の使用には適さない
		ピンチ弁	液の溜まりがない。スラリーや固形物が含まれた液体にも可能 ゴムを使用しているので、耐久性は低い
		ベローズ弁	外部漏れがなく、高温･高圧にも対応可能
	逆止め弁	リフト式	呼び径40A以下。水平、鉛直配管に取り付け
		スィング式	呼び径50A以上。水平、鉛直どちらの配管にも取り付け可能だが、 鉛直の場合には下か上へ流れるように取り付けのこと
		ボール式	封止性能はあまり高くない

バルブの各部名称

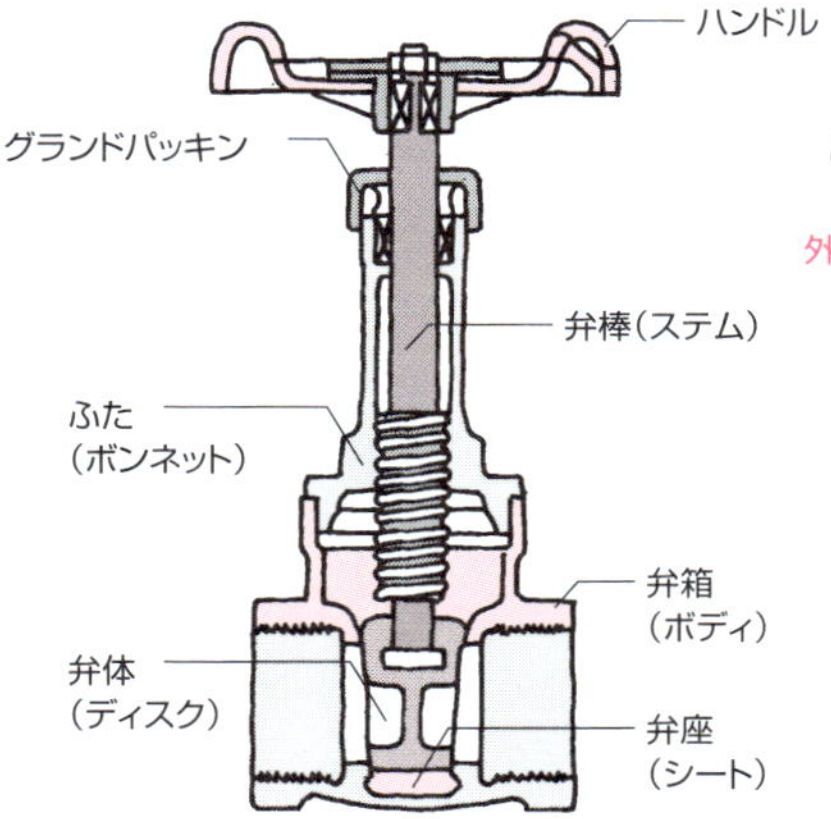

図はゲート弁の例

外漏れと内漏れ

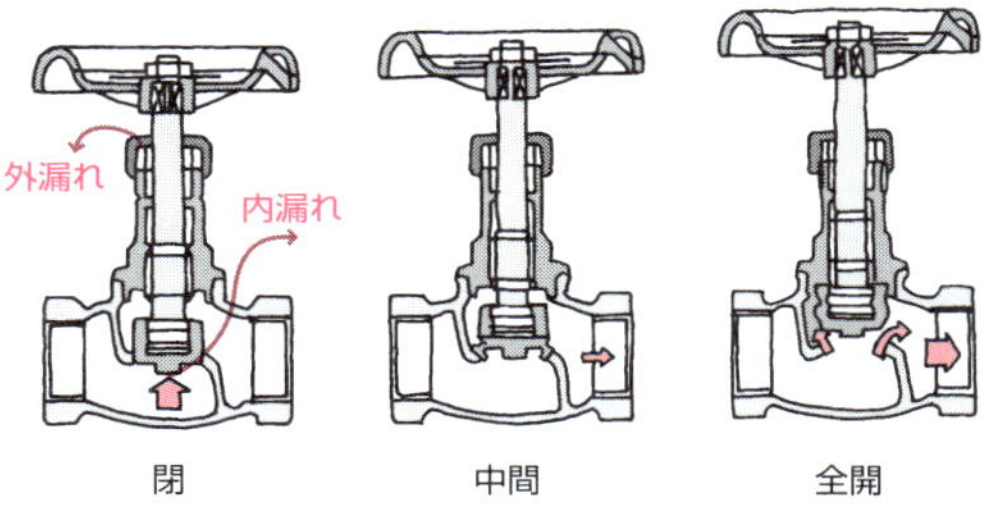

図はグローブ弁の例

外漏れ

<原因>グランドパッキンの磨耗や傷、材質不適合等

内漏れ

<原因>シートの腐食や傷、異物の噛み込み等

45 ノズル

身近なところで使われているノズル

ノズルは身の回りにもたくさん使われています。家の中を見回してもシャワーや食器洗浄器、水道の蛇口、スプレー缶、プリンタのインクジェットなど、いくらでも見掛けます。ともすると機械要素部品として意識することを忘れてしまいますが、ノズルはベルヌーイの定理を応用して、圧力エネルギーを速度エネルギーに変換する機能を持つ、れっきとした機械要素部品なのです。

この機能を持った機械要素はスプレーノズルと呼ばれています。スプレーノズルは目立ちませんが、産業界で幅広く使われています。例えばゴミを焼却する焼却炉や石油化学工業の脱硫装置、プリント基板などの電子機器の洗浄、自動車工場での塗装工程などです。そのため種類は豊富ですが、スプレーノズルには統一された規格や標準がないこともあって、適した型式を選定することはなかなか困難なことです。

スプレーノズルの型式を決定するためには、

①スプレーノズルに流入する圧力
②噴出させたい流量
③噴出された流体の断面形状（スプレーパターン　左頁図参照）
④スプレー角度、スプレー幅、スプレー距離（左頁図参照）
⑤材質
⑥ノズルヘッダーへの取り付け方法

以上、六つの前提を明確にしておく必要があります。

スプレーノズルを設置する際は、ノズルの配列を考える必要があります。このノズルの配列の良し悪しで、噴出した流体の分布の均一性や洗浄効率などが決まってしまうからです。また、使用中のノズル内部での目詰まりにも考慮しておく必要があります。目詰まりが懸念される場合には、フィルタを組み込んだタイプの選定、あるいは流体から異物を除去するための前処理工程の設計などが必要になります。

要点BOX

- スプレーノズルは産業界に広く使われている
- ノズルの配置計画とノズル目詰まりに要注意

これがノズルの原理!

断面形状(スプレーパターン)

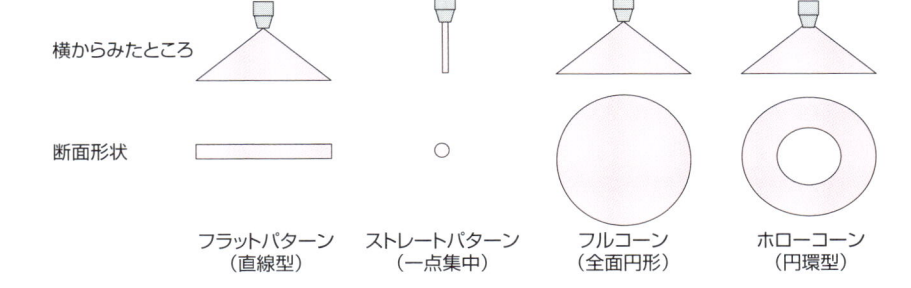

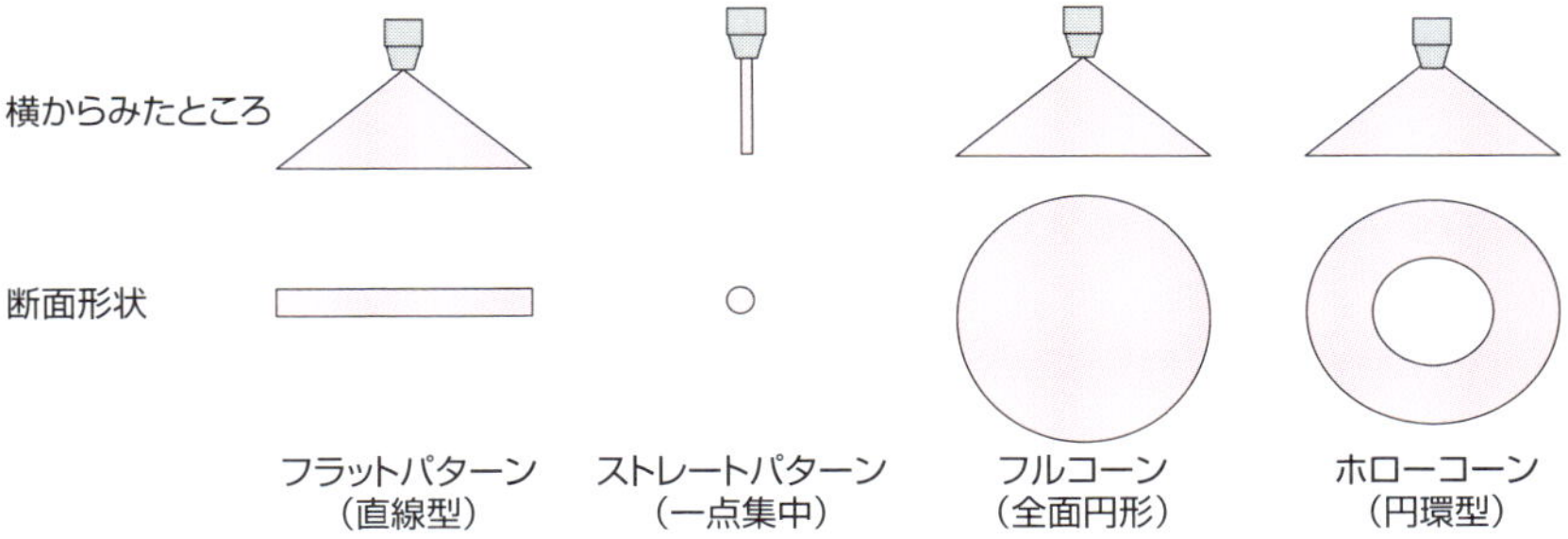

スプレー幅、角度、距離

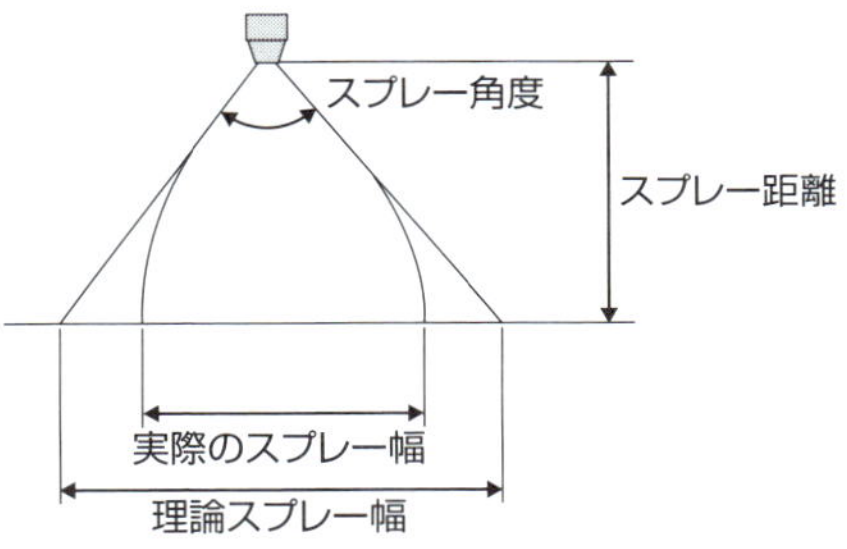

46 カム

実現したい出力運動を得る非線形変換機構

カム機構は、等速の往復運動あるいは回転運動を入力として与え、実現したい出力運動を得る非線形変換機構です。

再現精度が高く、高速で安定した性能を発揮する一方、出力運動は固定的であるためフレキシビリティには欠けます。

カムには左頁のように、様々な種類があります。一般的には、原動節であるカム自体の動作の形態や形状、従動節の拘束のしかたなどで変わります。

実際にカムを用いて実現したい出力運動を得るためには、以下の設計手順にて行うことになります。

①カム機構の形式を選択します。

出力運動の動き、動作速度、スペース、コストなどを考慮します。

②出力運動の詳細を決めます。

カムの移動量または回転角を横軸、従動節の変位を縦軸にしたカム線図を作成して、出力運動を表すカム曲線を選択します。出力時の動作力から入力に必要な力を検討します。

③カム自体と、従動節の形状や配置を決定します。

④剛性や寿命が十分かを確認して、最終的な動きもシミュレーションします。

実現したい出力運動を得るのに特に複雑なカム機構を検討する必要がある場合には、カムメーカーに相談することになります。専用のソフトウェアを活用することによって、様々な動きや条件を試して、最適なものを検討することができます。

カム機構を安定して使用するためには、接触部の硬度を上げたり、従動節にコロを用いたり、油中で作用させるなどの摩耗や錆などを防ぐ工夫や、定期的にメンテナンスを行うことも重要です。

要点BOX

- ●非線形変換機構
- ●再現精度が高い
- ●高速で安定した性能を発揮

カムの種類

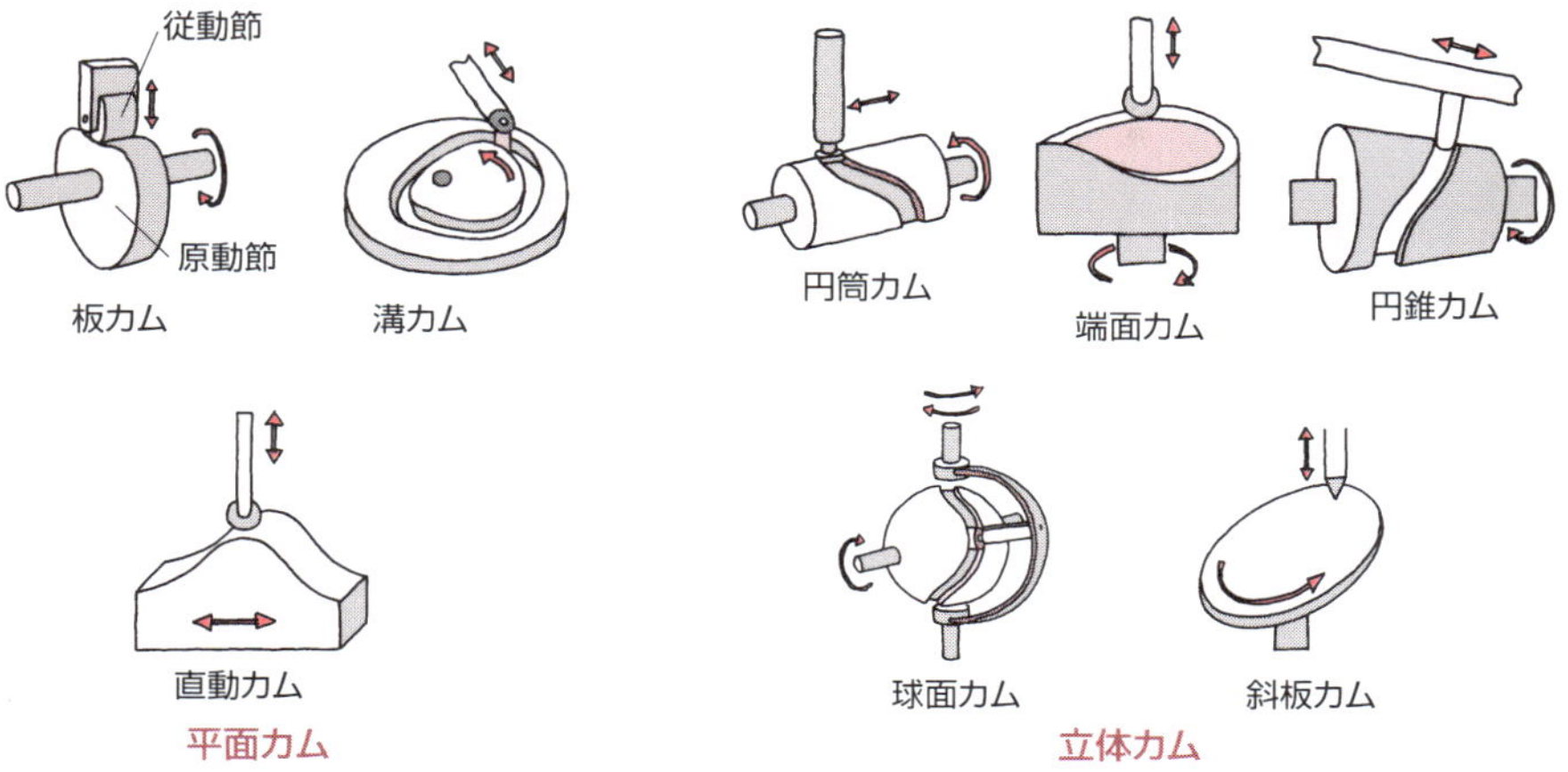

標準的なカム曲線の加速度特性

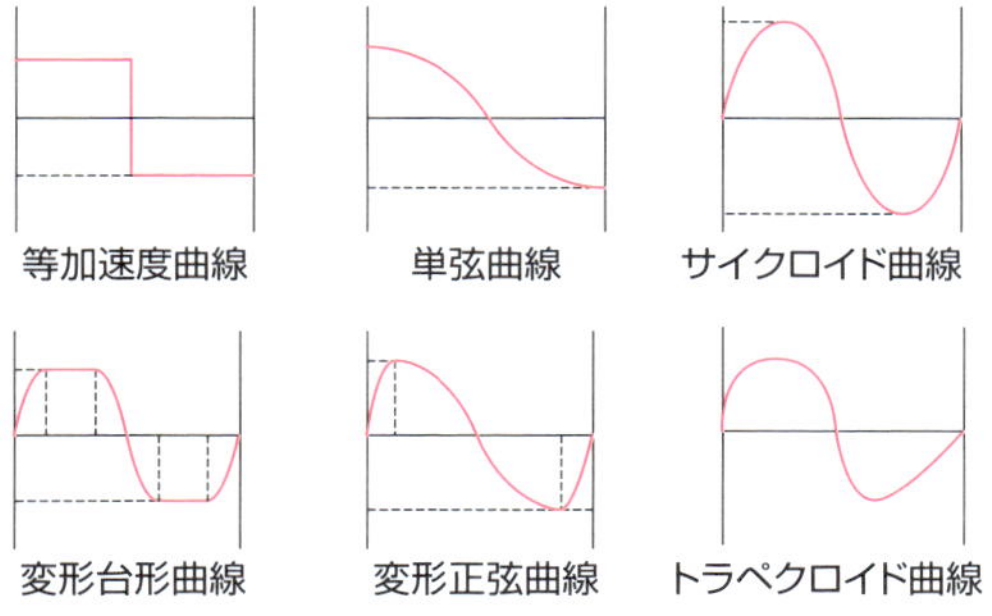

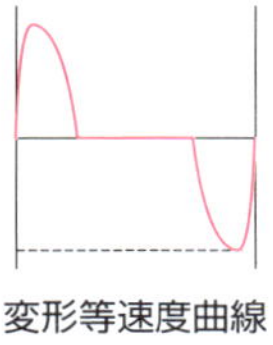

カムの製図例

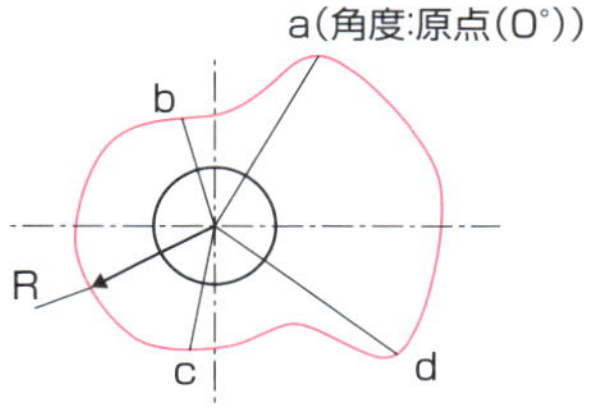

(形状がわかるように必要な寸法は入れる)

形状図

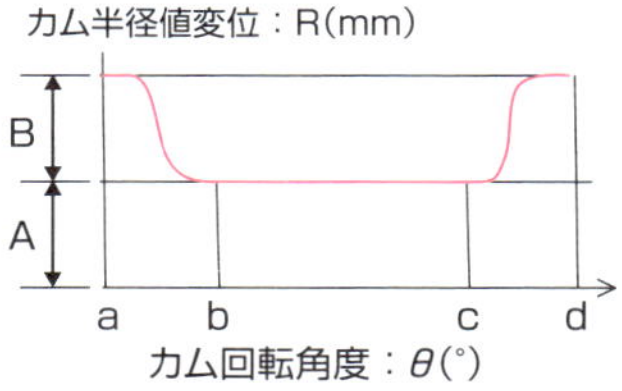

カム曲線

カム回転角度:θ(°)	区間	カム曲線(mm)
a=原点(0°)	a–b	R=(カム曲線計算式)
b=X°	b–c	R=A
c=Y°	c–d	R=(カム曲線計算式)
d=Z°	d–a	R=A+B
a=360°		

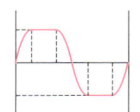

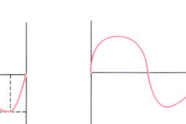

47 リンク

入力と出力の関係を考えるリンク機構の設計

リンクは、機械の骨組み、運動変換、動力伝達など大きな役割を担っています。ほとんどの機械にリンクが利用されていることから、最も基本的な機械要素といわれています。一般的に、細長い棒状のようなリンクの一つを固定し、これに対して他のリンクの組み合わせ運動を考えたとき、これを機構といいます。

リンク機構では〝対偶〟という言葉がつきものです。対偶とは、リンクが対になっている最小形のことで、すべてのリンク機構はこの対偶の単位に分解することができます。リンク機構の目的は、直進運動を回転運動に変えたり、あるいは回転運動を揺動運動に変えることです。このように運動の状態を変えることによって、機械的な運動の状態を変えることによって、機械的な入力エネルギーを異なる出力運動に変換します。つまり、目的とする動作を達成するために、入力と出力の関係を考えることがリンク機構における設計のポイントです。

リンク機構は、リンクを固定する方法によって、出力である速度などの動作形態が変わる特徴があり、その代表的なものが4リンク機構です。4リンク機構は、長さの異なる4個のリンクのいずれかを固定することによって、いろいろな運動が可能です。例えば、回転運動を往復運動（その逆もある）に変える「てこクランク機構」、てことクランクがいつも平行にあり等速で回転する「平行クランク機構」、二本のリンクが揺動運動をする「両てこ機構」、クランクの回転をスライダの往復に変える「往復スライダクランク機構」などがあります。リンク機構は多種多様な運動を導くことができるため、蒸気機関、内燃機関、自動機械、ロボットなど幅広く応用されています。また、機械の目的別に、速度、位置、力などを考慮した設計が可能です。さらに、運動伝達が確実に行えるという優れた特徴があるため、特殊な軌跡を得られる運動機構を実現する機械要素としても用いられています。

要点BOX

●リンクは運動変換や動力伝達を担う
●単純なリンク機構を使って複雑な運動も実現可能

対偶の例

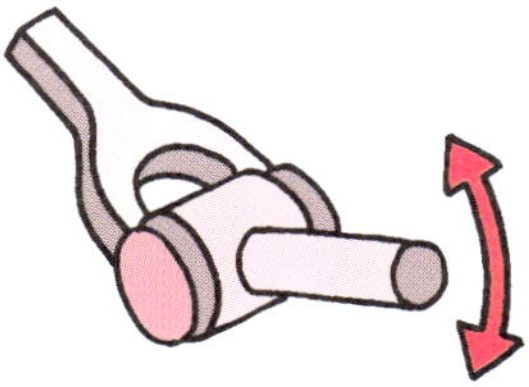

回転対偶

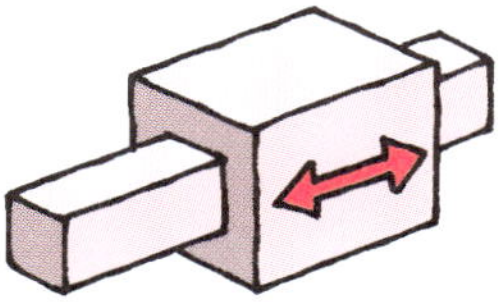

すべり対偶

ねじ対偶

リンク機構の例

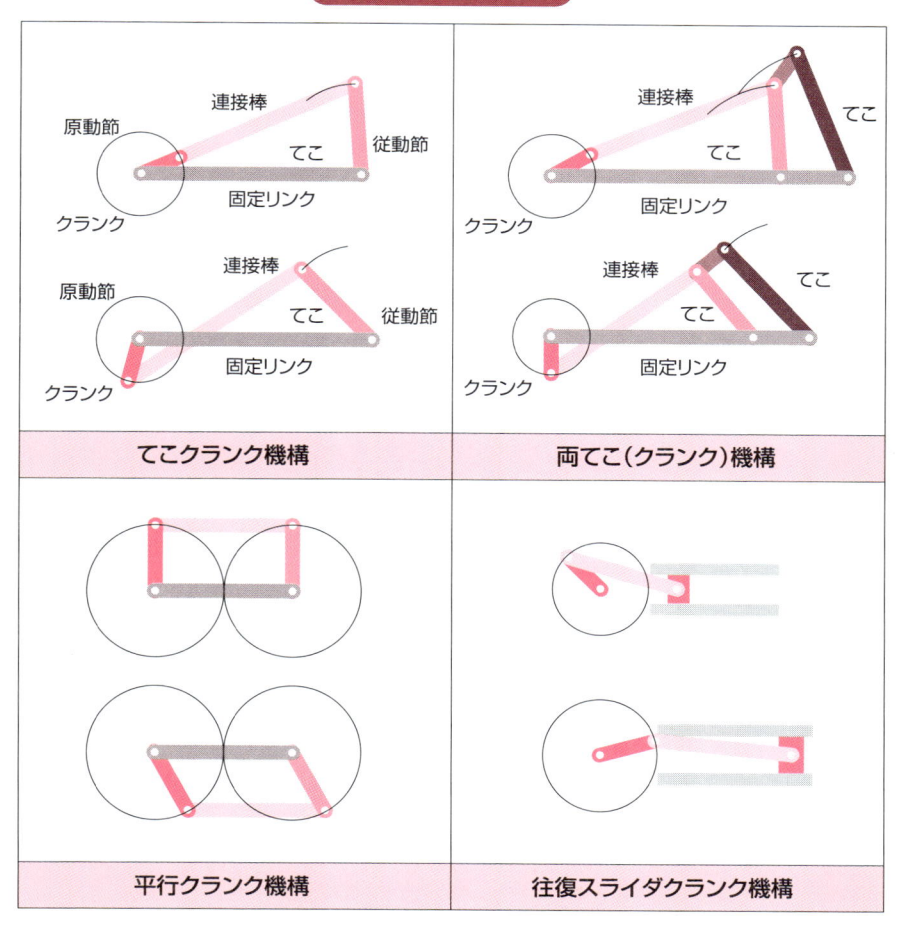

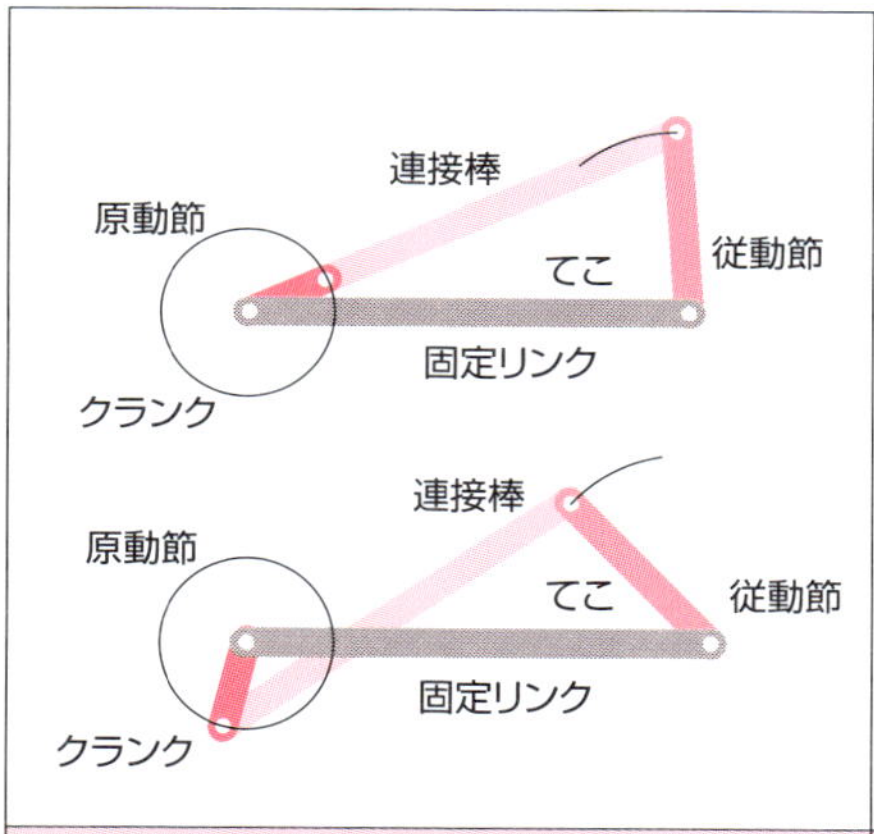

てこクランク機構

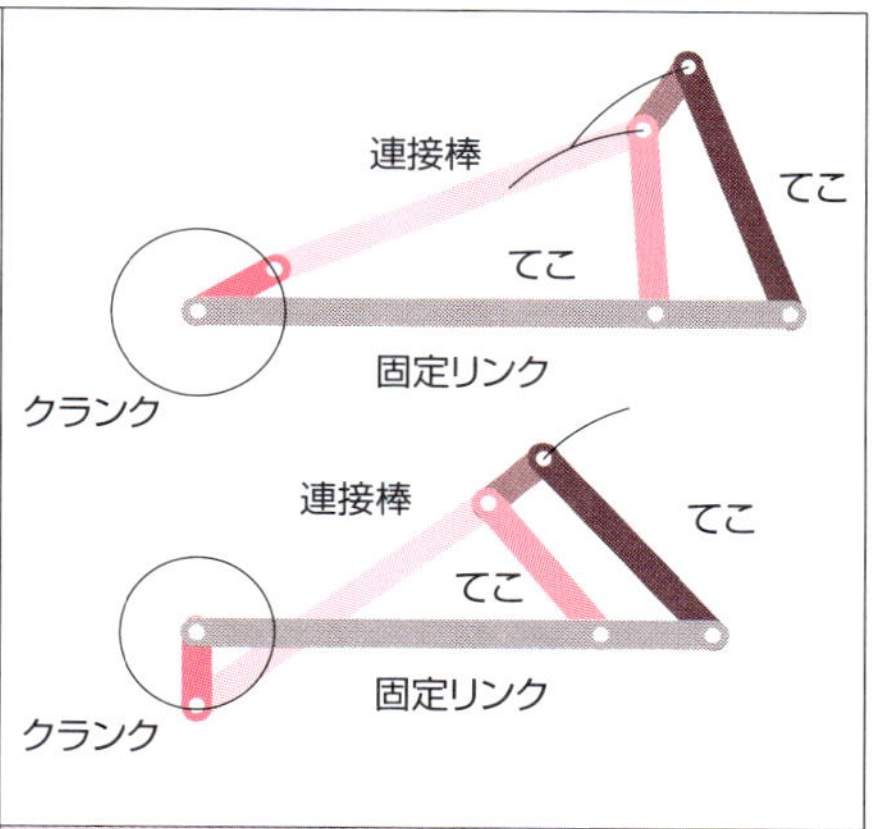

両てこ（クランク）機構

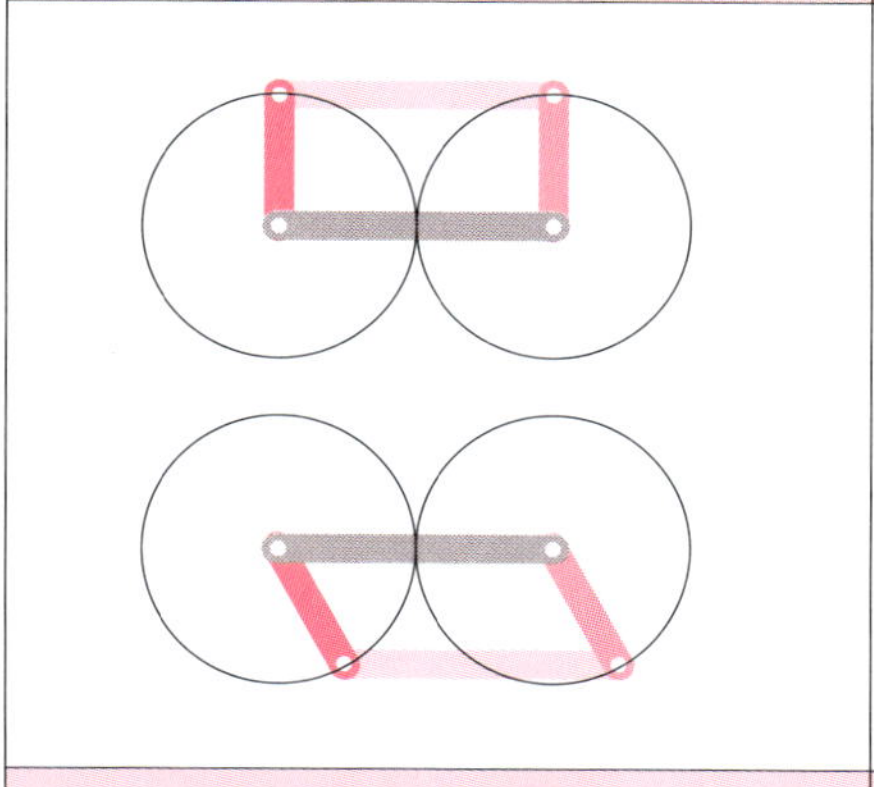

平行クランク機構

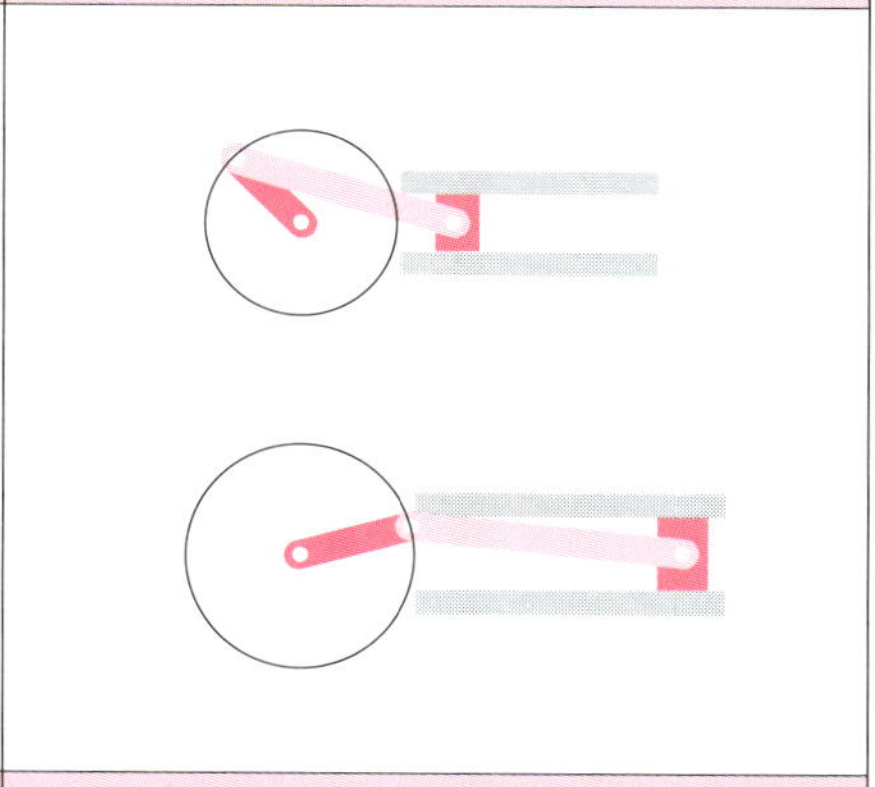

往復スライダクランク機構

48 ポンプ

液体を輸送する装置

流体を輸送する装置は、流体によって呼び名が異なり、液体のときをポンプ、気体のときはファンあるいはブロワー、コンプレッサと呼ばれています。

ポンプは、その構造の違いからターボ型、容積型、特殊型ポンプの三つの型式に大別されます（図1を参照）。

ターボ型ポンプはケーシング内で羽根車を高速回転させて、遠心力によって流体にエネルギーを与えるポンプです。世の中で使用されているポンプの大多数がこの型式です。ターボ型ポンプは流量によって揚程（汲み上げ高さ）と効率が異なってくるので、運転する流量で最高効率になるように選定していきます（図2を参照）。

ポンプの型式を決めるために、流量、実揚程、液体の粘度、定量性の要求があるかどうかを決めておく必要があります。この四つの条件で、ポンプの型式をある程度絞り込むことができます。さらに軸封部からのリーク許容量、接液部の材質、液体中に固形物が含まれているか、などの条件からさらに詳細な構造を決めていくことになります。

ポンプの仕様を決定する上で、もう一つ気をつけることはキャビテーションです。

キャビテーションとは、ポンプ内の液体の圧力が飽和蒸気圧以下に低下すると気泡が発生する現象です。キャビテーションはポンプの内部に振動や衝撃を発生させ、ポンプに悪影響を与えます。

キャビテーションが発生するかどうかを評価する尺度としてNPSH（有効吸い込みヘッド）があります。NPSHにはNPSHrとNPSHaとがあり、前者はポンプ自身の形状で決まりポンプメーカが提示するべきデータです。後者は液体の飽和蒸気圧とポンプの据付条件など運転条件で決まるので、使用者側が提示するべきデータです。ポンプ選定では実用上、NPSHa＞1.3×NPSHr程度とするのが一般的です。（図3参照）

要点BOX

- ●ポンプの型式を決める条件として、流量や実揚程、粘度などがある
- ●NPSHはキャビテーション発生評価の指標

図1　ポンプの種類

ポンプ	ターボ型ポンプ	遠心ポンプ	渦巻きポンプ	最も一般的。流量は最大で100m³／min程度。羽根車を多段にすることで数百メートルの高揚程も可能。
			キャンドポンプ	軸封部が無いので、液漏れがない。高温には弱い。
			ディフューザポンプ	小流量、高圧部分で使われる。渦巻きポンプより効率は高いが、効率の高い運転範囲は狭くなる。
			斜流ポンプ	中容量向け（最大500m³／min）。揚程の目安は30～50m
			軸流ポンプ	高容量向け（1000m³／min以上も可能）。揚程の目安は5m
	容積型ポンプ	往復動ポンプ	ピストンポンプ	構造が複雑で不純物に弱い
			プランジャーポンプ	定量性あり。高圧の吐出にも可能
			ダイアフラムポンプ	定量性あり。耐食性を要求または異物混入を嫌うところに使われる
		回転ポンプ	歯車ポンプ（ギアポンプ）	高粘度液にも対応。内部構造も簡単
			ベーンポンプ	小容量、流量の割に小型。脈動も小さく運転中も静か
			ねじポンプ	軸流動液や汚泥のような高粘度／異物を含んだものでも対応可能
	特殊型ポンプ		渦流ポンプ	小容量で高揚程。NPSHの小さいところでも使用可能
			噴流ポンプ	液体を吹き込むことにより、回りの液体を巻き込んで輸送。回転部分が黒いのでメンテナンス簡単。動力はゼロ
			気泡ポンプ	気体を吹き込んで、気泡の浮上で液体をくみ上げる。
			ホースポンプ	弾力のあるチューブを外部からローラで潰して搾り出す。果汁内のつぶつぶを潰さずに輸送可能。

図2　遠心ポンプの性能曲線

遠心ポンプでは効率が最高になる
運転流量が存在する

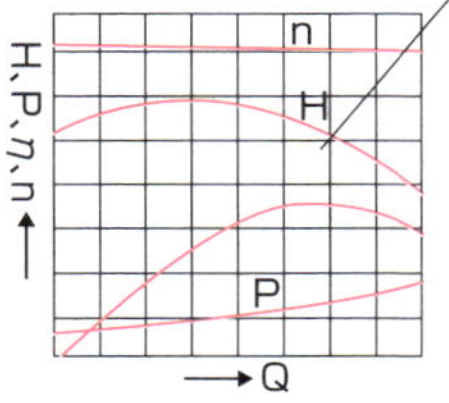

最高効率になるところで
運転するようにする

Q：吐出量（m³／min）
H：全揚程（m）
P：軸動力（kW）
η：効率
n：回転速度（rpm）

図3　キャビテーション

NPSHa＜NPSHrだと
キャビテーションが発生!

Column

技術者倫理の大切さ

技術系の国家資格に「技術士」という資格があります。

技術士とは、「技術士法第三十二条第1項の登録を受け、技術士の名称を用いて、科学技術に関する高等の専門的応用能力を必要とする事項についての計画、研究、設計、分析、試験、評価又はこれらに関する指導の業務を行う者」と技術士法第二条第1項で定義されています。

技術士は21の技術部門に分かれていて、その中に機械部門があります。機械部門には10の選択科目があり、その中には本書のテーマである「機械設計」もあります。

技術士は、技術士法により三つの義務（信用失墜行為の禁止、秘密保持、名称表示の場合）と二つの責務（公益の確保、資質向上）が課されていて、高い技術者倫理を備える必要があります。そのため、公益社団法人日本技術士会では「技術士倫理綱領」を制定しています。その【前文】には以下の内容が示されています。

「技術士は、科学技術が社会や環境に重大な影響を与えることを十分に認識し、業務の履行を通して持続可能な社会の実現に貢献する。」

また、以下に「技術士倫理綱領」の【基本綱領】全10項の一部を抜粋します。

（公衆利益の優先）
1．技術士は、公衆の安全、健康及び福利を最優先に考慮する。

（持続可能性の確保）
2．技術士は、地球環境の保全等、将来世代にわたる社会の持続可能性の確保に努める。

（有能性の重視）
3．技術士は、自分の力量が及ぶ範囲の業務を行い、確信のない業務には携わらない。

（真実性の確保）
4．技術士は、報告、説明又は発表を、客観的でかつ事実に基づいた情報を用いて行う。

（公正かつ誠実な履行）
5．技術士は、公正な分析と判断に基づき、託された業務を誠実に履行する。

（秘密の保持）
6．技術士は、業務上知り得た秘密を、正当な理由がなく他に漏らしたり、転用したりしない。

これらのことは技術士でなくても、技術者としてまたは社会人としてとても大切なことです。機械設計を行ううえでこの「技術者倫理」を正しく理解し、身につけておく必要性を強く感じます。

第7章

メカトロニクス部品

49 位置、変位センサ

接触・非接触で物体の距離や変位を計測する

位置・変位センサは、対象物の有無や検出体がある位置から他の位置へ移動したときに、その微小移動量を検出する装置です。

液面など絶対的な位置を検出する位置センサ、回転軸の振れや基準面に対する高さの差分のように相対的な距離の変化を検出する変位センサ、軸の回転数や角度変化を検出するロータリエンコーダなどの種類があります。

変位による物体の検出方式には、機械式・静電容量式・磁気式などがありますが、現在はレーザ方式が主流となっています。レーザ方式の変位センサでは、センサの光源から発したレーザ光が、対象物に当たり反射した光を受光素子で捉えます。受光素子に入光する位置情報を元に、距離に換算しています。このようにレーザ方式では、非接触でセンシングすることができます。

変位センサの多くは、周囲温度の影響を受けて温度ドリフトが発生します。これは、同じ距離であっても周囲温度の変化で計測結果が異なる現象のことです。センサ自体の熱膨張・収縮や空気の屈折率が変わることによって、投光・受光経路が変化するために生じます。したがって、僅かな変位を測定する場合には、電源投入してから機器内部の温度が安定した後で使用することが重要であり、冷却ファンなどの風を直接あてない、といった配慮が求められます。

ひずみゲージは、１００万分の1の微小な変化を検出できる素子です。

ロータリエンコーダは、スリットが設けられたディスクが回転軸に固定されており、そのスリットを光が通過する信号を受けることで、回転角を検出します。ロータリエンコーダの選定ポイントは、使用する種類によって、電源立ち上げ時に原点復帰の要否、分解能や軸の許容荷重などが異なるため、よく確認し、目的に応じたセンサを選定することです。

要点BOX

- ●測定対象の表面状態でセンサを選定する
- ●変位センサは周囲温度の影響を受けやすい

レールの上を移動する台車の位置を検出

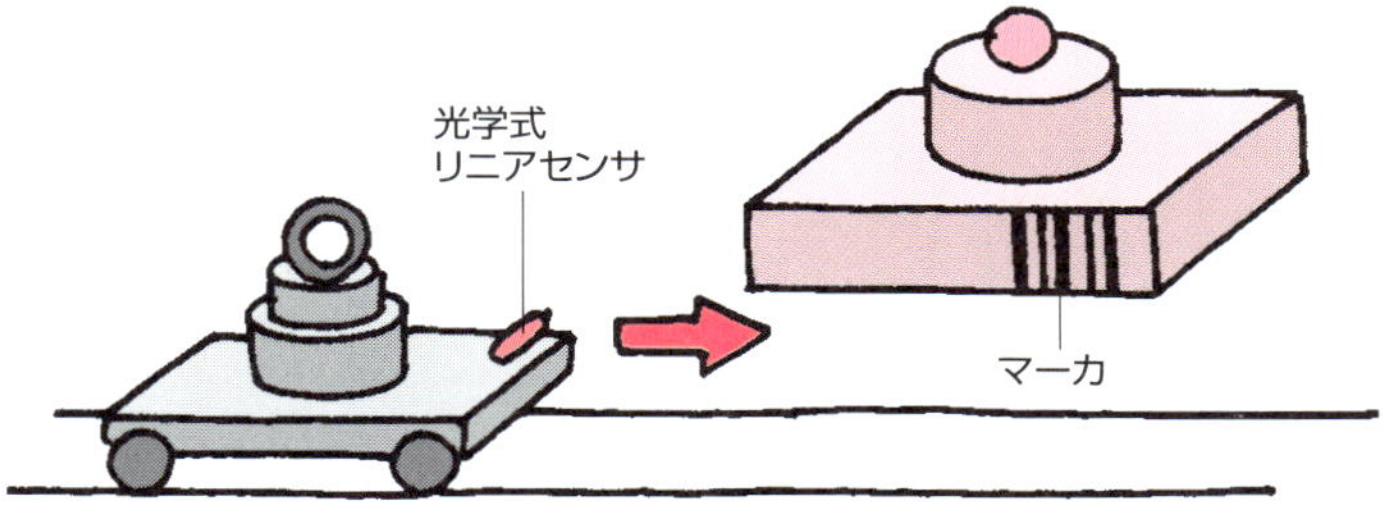

光学式リニアセンサ

部材の変位量を検出

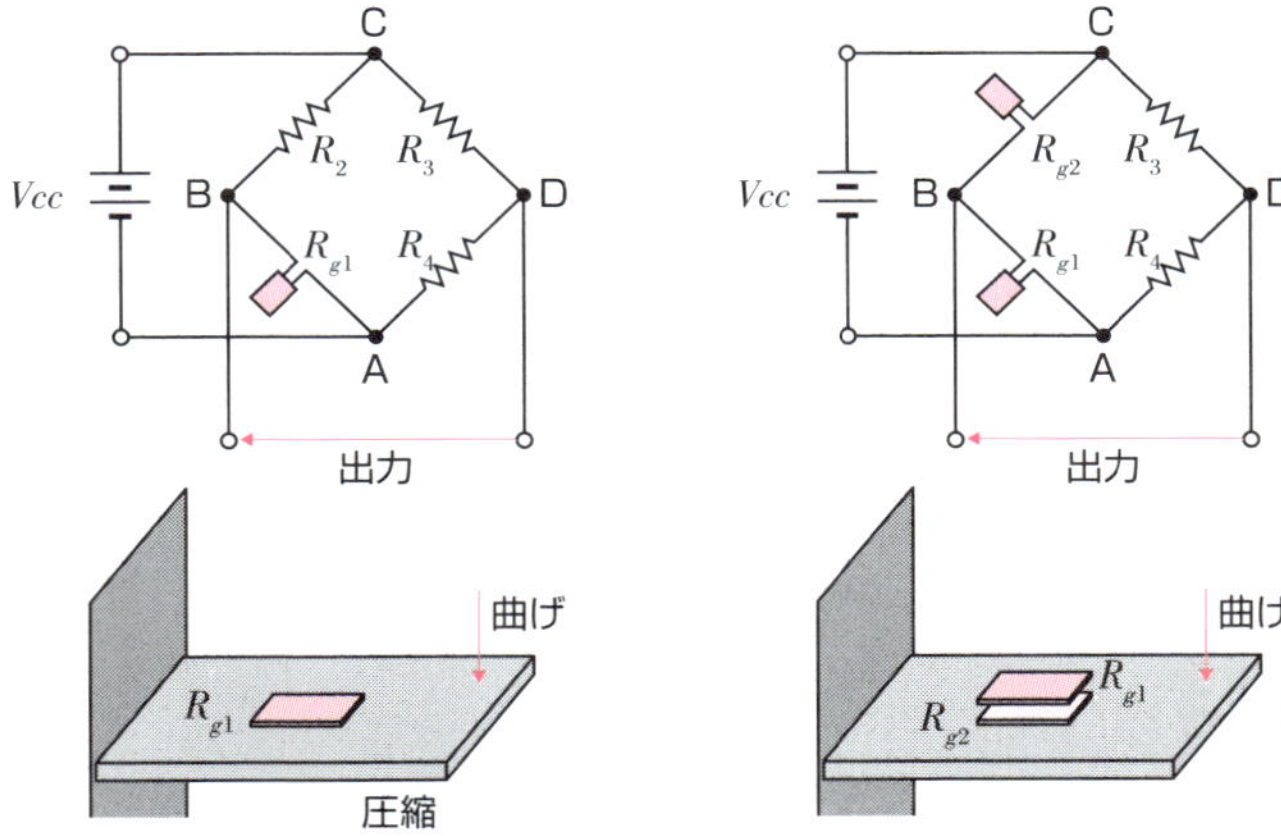

ひずみゲージ

距離を非接触で検出

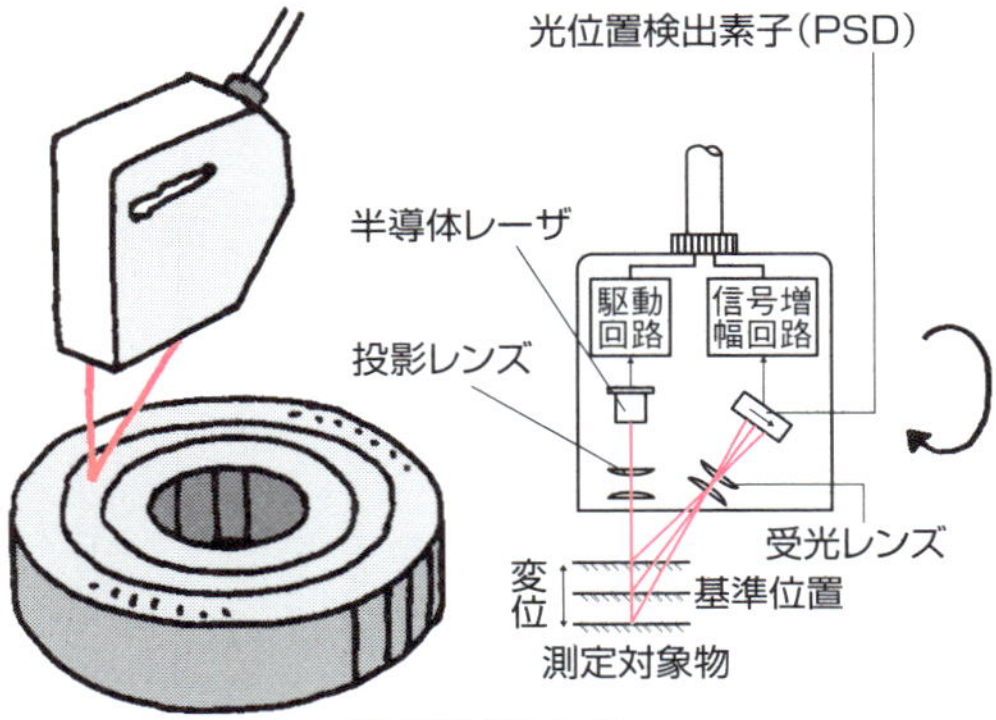

レーザ式距離センサ

回転角や回転速度を検出

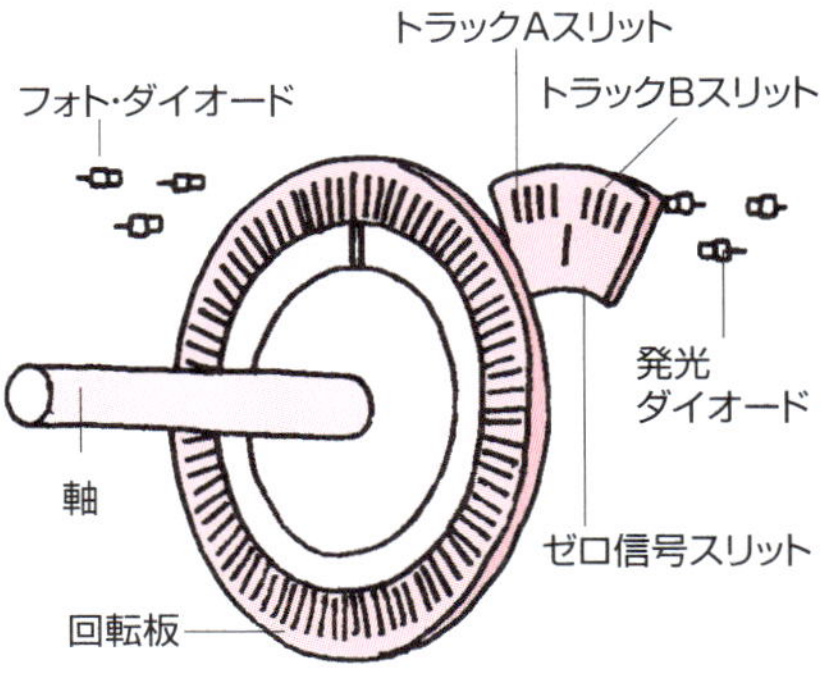

ロータリエンコーダ

50 速度、加速度センサ

ものの動きを検出する

一般的に、速度・加速度センサは移動体の相対位置を検出する方法と、移動体の内側、または外側から検出する方法があります。

速度センサは、ドップラ効果を利用した計測器です。レーザ光や超音波などを測定対象に当てると、測定対象物の速度に比例して反射波の周波数が変化する原理を応用して、速度を検出しています。反射波を検出して計測することから、測定対象物の表面状態に応じて検出方式を選択する必要があります。

また、測定の原理から、対象物の移動方向と送受信波の角度を小さくしておくと、精度の良い計測結果が得られます。

加速度センサは、傾き・動き・衝撃などの検出に利用されています。加速度センサの検出方式は、静電容量・ピエゾ抵抗・熱検知などさまざまですが、現在は静電容量方式が主流となっています。

静電容量方式加速度センサでは、加速度によるおもりの変位を静電容量の変化で検出します。センサ部には微細な形状が形成されていることから、加速度センサはＭＥＭＳ（巻頭キーワード解説参照）センサを代表的するもののひとつです。

加速度センサを選定するときの観点は、検出したい軸数と加速度の範囲です。

軸数とは、対象物の動きのことで、直線的な運動を1軸、平面内の運動を2軸、立体的な運動を3軸と呼びます。

加速度の検出範囲は、一般に重力加速度gと比較して、$\pm 3g$などと表されます。例えば、機器の傾きを検出する場合には数gまでのセンサを用いることで、小さな加速度範囲の検出精度が高まります。また、自動車の衝突などの検出には数10gのセンサを用いて、大きな加速度発生時の誤検出をなくします。

このように想定する加速度の数倍程度のセンサの選定が適切です。

要点BOX

- ●速度センサは正面から測定
- ●加速度センサは測定対象の数倍を選定

ドップラー効果

物体(音源)が左手に向かって等速で動いている場合、物体の前方の周波数は上がり、後方は下がる。前後以外の方向の周波数も変化している。

応用

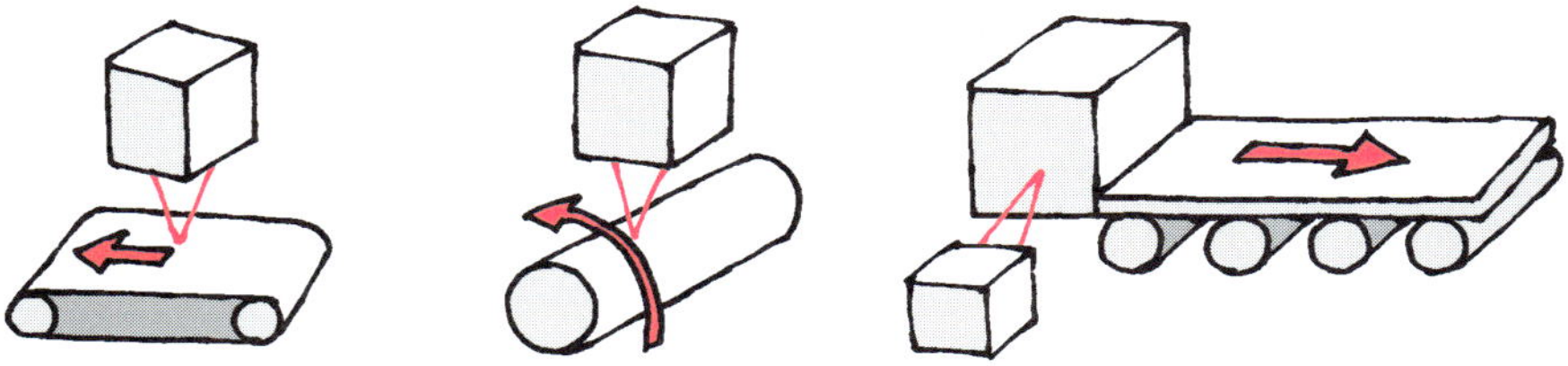

ベルトの移動速度　ロールの回転速度　押し出しの速度

3軸加速度センサ

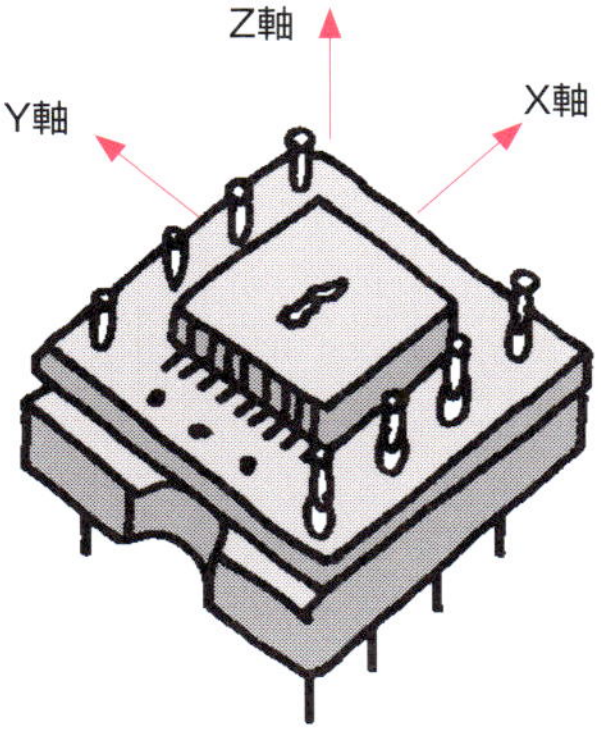

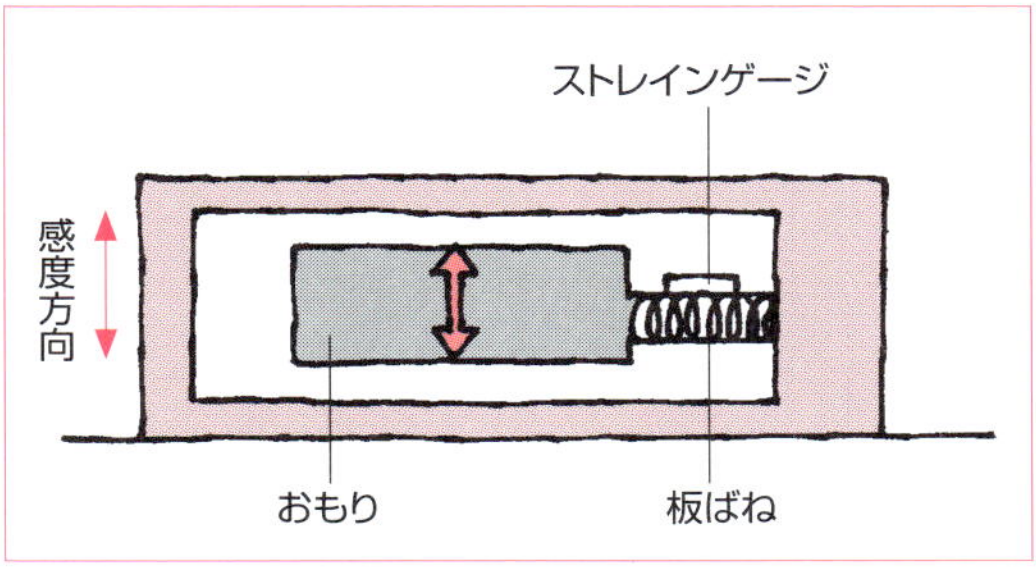

基本構造

51 力センサ

機械的な力の変化を電気的に計測する

力を検出するセンサには、ひずみゲージを用いたロードセル、ピエゾ抵抗効果を利用した圧電素子、そして軸の回転速度や入力電力から間接的に力を検出するトルクメータなどがあります。

ひずみゲージは、ロードセルのたわみに応じて伸縮します。この伸縮によりひずみゲージ内に形成されたジグザグ状電路の抵抗値が変化することで、ロードセルにかかる力を検出しています。単純な構成のため安価であり、広く採用されています。また、寸法・材質の明らかな梁にひずみゲージを取り付けた測定も可能です。

圧電素子は、水晶や特定の種類のセラミックスなどに圧力を加えることで生じるひずみに応じて、電圧が発生することで、力の大きさを検出できます。この圧電素子を利用した身近なものとして、ライターの着火石があります。圧力を加えて高い電圧を発生させることで、火花を発生させ、ガスに着火します。

なお、圧電素子に電圧を印可すると寸法が変化する逆の作用を利用して、微細位置決めにも適用できます。トルクメータでは、トルクTと慣性モーメントI（巻頭キーワード解説参照）と角加速度αの関係が

$$T = I \cdot \alpha$$

となることと、角加速度が角度θを使って

$$\alpha = d^2\theta / dt^2$$

で表されることから、回転軸に設けた歯車などで回転角を測定しています。また、モータであれば電力Pとトルクの関係が、

$$P = T \cdot t = V \cdot I$$

で表されることから、電圧や電流値からトルクを算出しています。

このように力センサは、電気との融合により実現しています。

さまざまな種類の力センサがあるため、測定対象の大きさや形で使い分ける必要があります。

要点BOX

- ●機械と電気との融合で精密計測ができる
- ●大きさや形状で検出方式を使い分ける

ロードセルとひずみゲージ

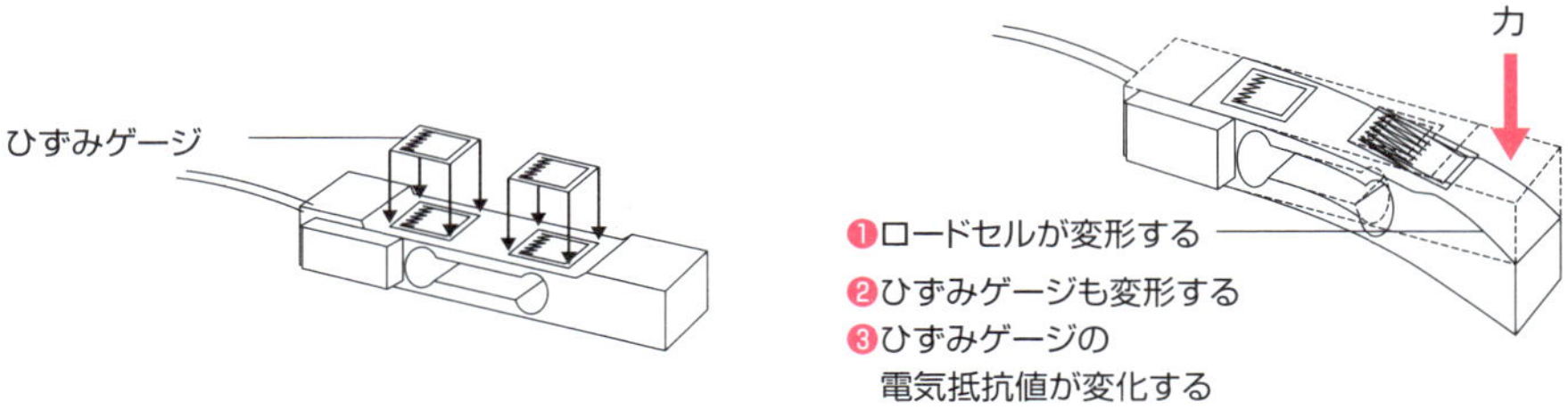

圧電素子の構造

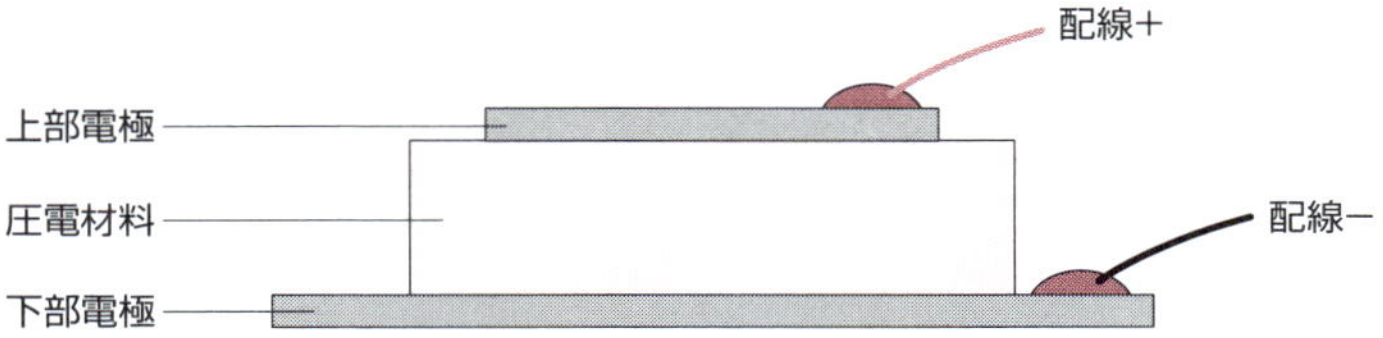

構造が単純で、電圧を加えるだけで機械的な動作なしに微細な動きや振動を発生する。小型化も容易。

回転トルクメータの応用

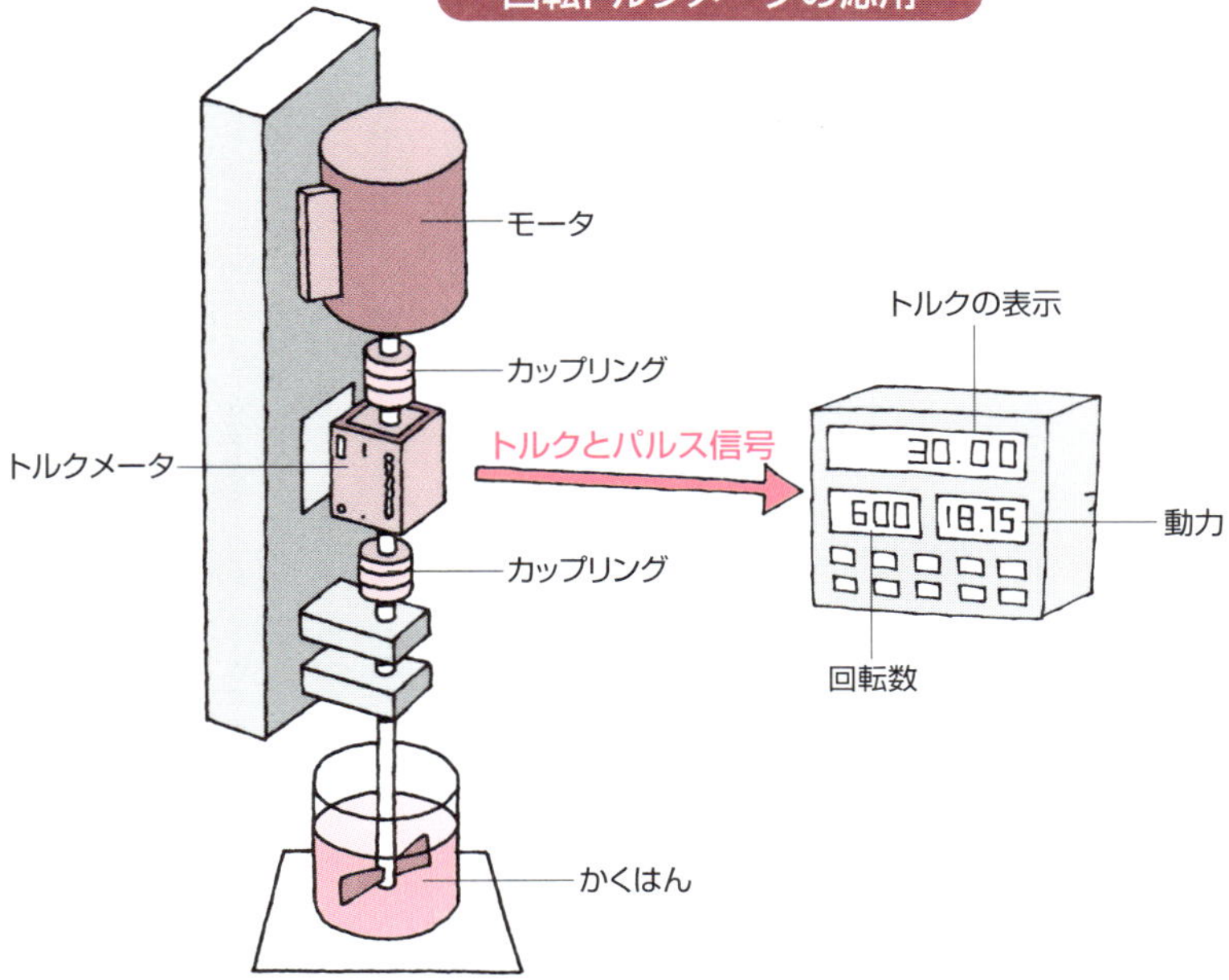

52 DCモータ、ACモータ

DCモータとACモータの特徴を理解する

一般的に機械はある仕事をする道具であるため、何らかの動力を必要とします。ほとんどの機械は動力として、回転力があれば動かすことができます。その代表的な動力として、モータが多く用いられます。

モータは、直流で回るＤＣモータ（Direct-Current Motor）と交流で回るＡＣモータ（Alternating-Current Motor）の二つに区分されます。ＤＣモータとＡＣモータの大きな違いは、その電源の形態にあります。ＤＣモータに使用される直流電源は、プラスとマイナスが一定ですが、ＡＣモータに使用される交流電源は、一定時間毎にプラスとマイナスが入れ替わります。この入れ替わる回数を周波数［Hz］で表しています。高速に精度よく動作させたいという点では両者の目的は同じですが、速度や力などの制御を考えたとき、両者の特性は大きく異なります。

一般的にＤＣモータは、電圧に対して回転特性が直線的に比例しているため非常に扱いやすく、安価です。ただし、ＤＣモータの場合はブラシ、整流子と呼ばれる接点があり、それがノイズ、回転ムラ、劣化などの問題が発生するため注意が必要です。さらに、ＤＣモータは、速度制御・力制御がしやすい反面、構造が複雑で、また整流子やブラシのメンテナンスに手間がかかります。

一方、ＡＣモータは、ブラシがないことが大きな利点です。構造が簡単で頑丈ですが、周波数に応じた一定の回転速度しか得られず、また正弦波状の駆動電力を作らなければならなく扱いが面倒です。さらに、過負荷により停止したり、周波数が高いと起動できなかったりと、速度制御が難しいのが難点です。

ＤＣモータは、低電圧で駆動できるため小型化に向いています。逆に、ＡＣモータは大きな出力を得られるため、大型の装置などに使われています。設計者は機械の目的、性能、仕様に応じて最適のモータを選定するようにしましょう。

要点BOX

- ●DCモータは電圧と回転特性が比例
- ●ACモータは保守が不要だが速度制御が難しい

DCモータとACモータの種類と用途

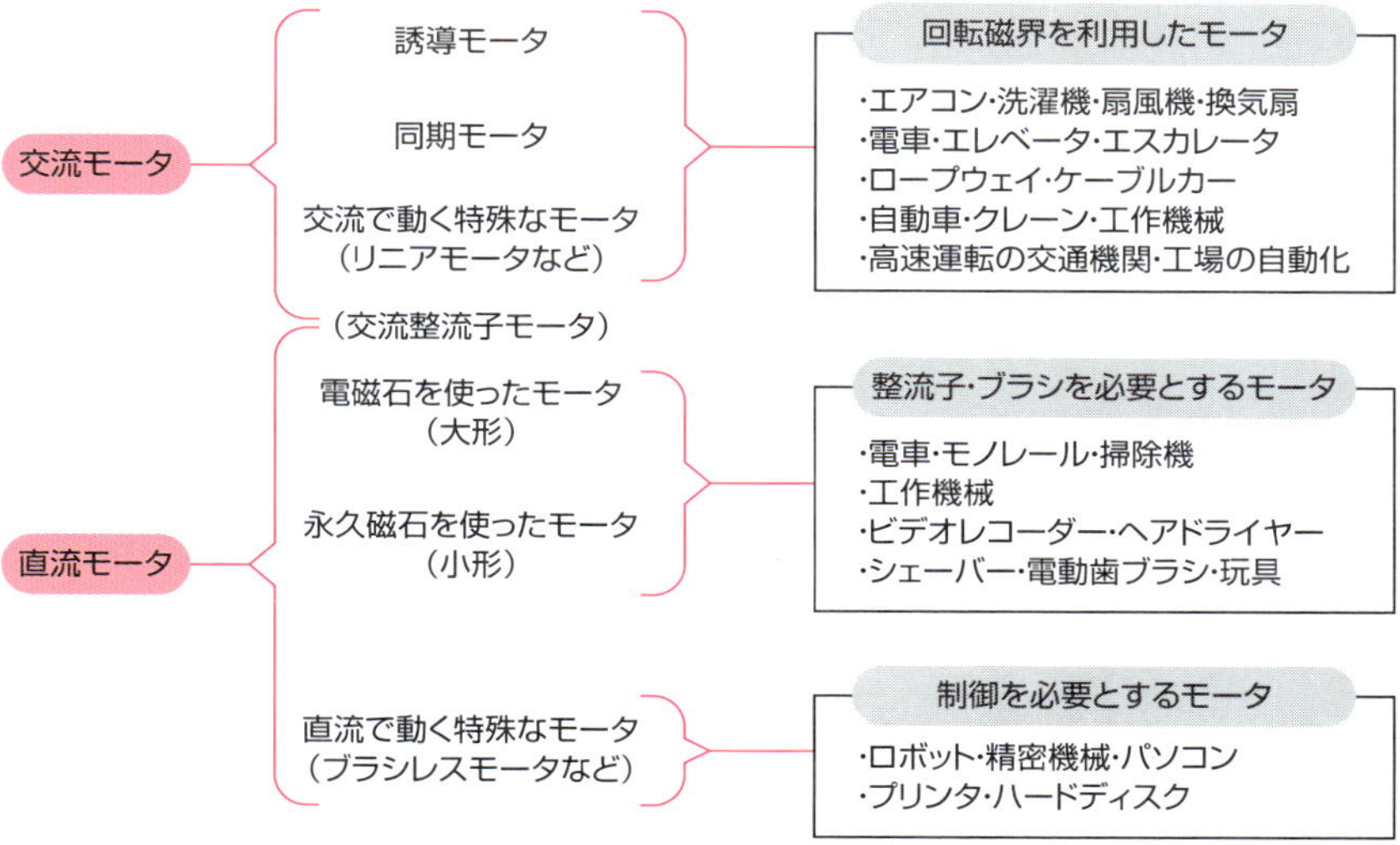

DCモータとACモータの比較

比較項目	DC モータ	AC モータ
モータの構造	複雑	比較的簡単
整流（転流）メカニズム	ブラシ・整流子による有接点式	半導体などによる無接点式（単相または多相交流）
大パワー化	一般にむずかしい	容易
高速化	むずかしい	容易
低速化	一般に容易	一般に容易
回転ムラ	一般に多い	一般に少ない
トルクムラ	一般に多い	一般に少ない
出力効率	一般によい	一般に悪い
制御回路	比較的容易	やや難しい
回転中の振動騒音	一般に多い	一般に少ない
クリーン度	悪い	よい
メンテナンス	ブラシ・整流子の保守が必要	保守不要
寿命	短い	長い

53 サーボモータ

指令通りに正確に制御できるサーボモータ

サーボとは「指令通りに動く」という意味で、サーボモータとは「指令通りに動くモータ」を指します。したがって、モータの種類は限定されておらず、例えば、直流ではコアレスモータ、ＤＣブラシレスモータなどがあり、交流では誘導モータ、ＰＭ同期モータなどがあります。

サーボモータには「指令通りに動く」という厳しい条件が課せられるため、精度が良く、高速な位置決めを制御したい場合に使用されます。

大きな特徴は、モータの状態を見るエンコーダが付いていることです。サーボモータは、正確な動きを実現するために、一定の角度範囲（例えば0°～180°）の任意の角度による位置決めができます。現在の角度と目的とする角度の差をとった信号をモータ側に出力すること、つまり、フィードバックすることによって、機械を目的の角度だけ正確に動かすことができます。また、サーボモータは、位置を検出するエンコーダやポテンショメータ、速度を検出するタコジェネレータなどのセンサと組み合わせて使います。

さらに、センサから得られた情報により、現在位置と目的位置の差を比較します。そして、その差分を減少させる方向に動かすために、サーボアンプやシーケンサなどの制御装置などとセットで使用します。

サーボモータの角度制御は、ＰＷＭ（Pulse Width Modulation：パルス幅変調）方式により行う場合があります。ＰＷＭ方式とは、パルスの周期を一定にしてパルス幅を変える事で目的に合った速度制御を行うものです。

このように、サーボモータを用いる機械では、多くのパラメータの設定と調整が必要になります。そのため、他のモータと比較して高価で経験的な知識を必要とする難しいモータとして扱われています。

要点BOX

- ●サーボモータは検出部を持ったモータである
- ●ＰＷＭ制御で高速回転でも精度の高い制御が可能

サーボ機構の構成図

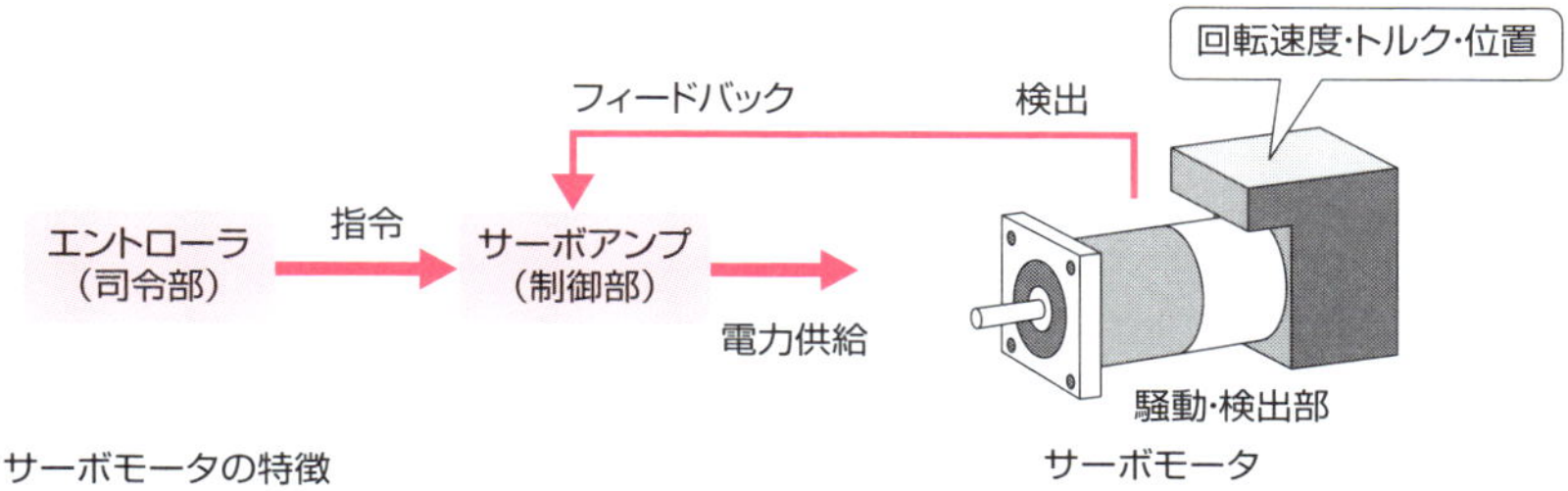

サーボモータの特徴
フィードバックするためにエンコーダ（検出部）が付いている

ロータリーエンコーダ（回転速度·位置検出）

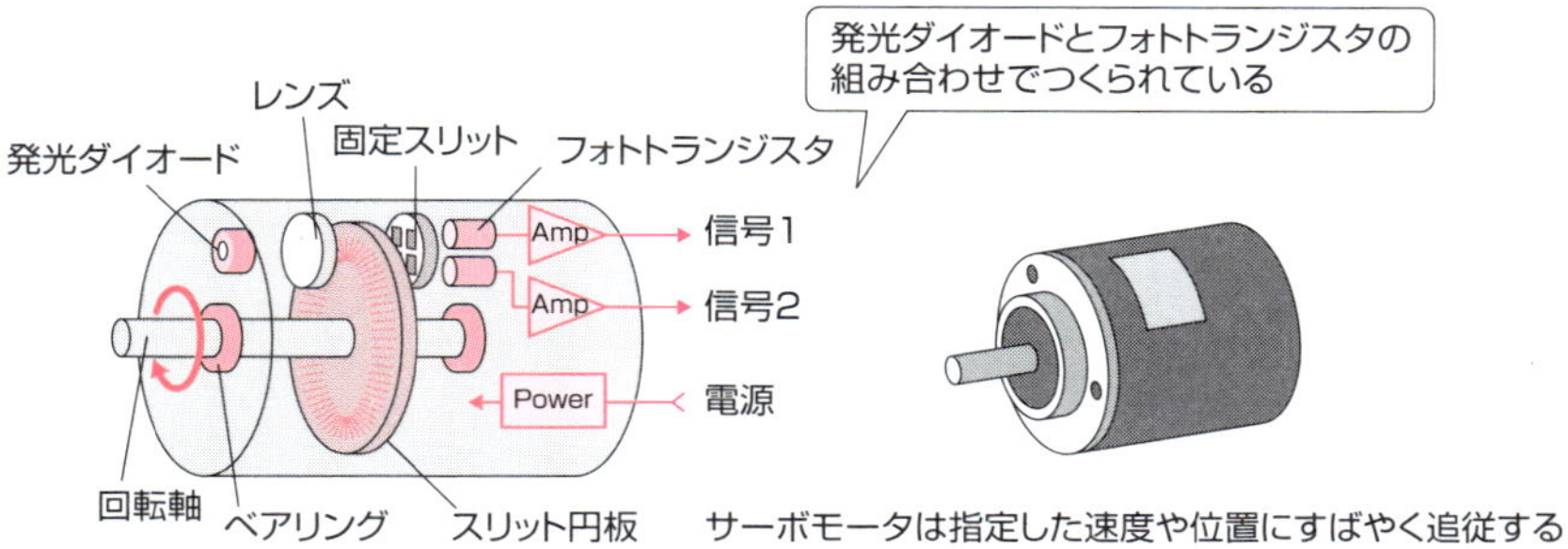

サーボモータは指定した速度や位置にすばやく追従する

フィードバックの概念

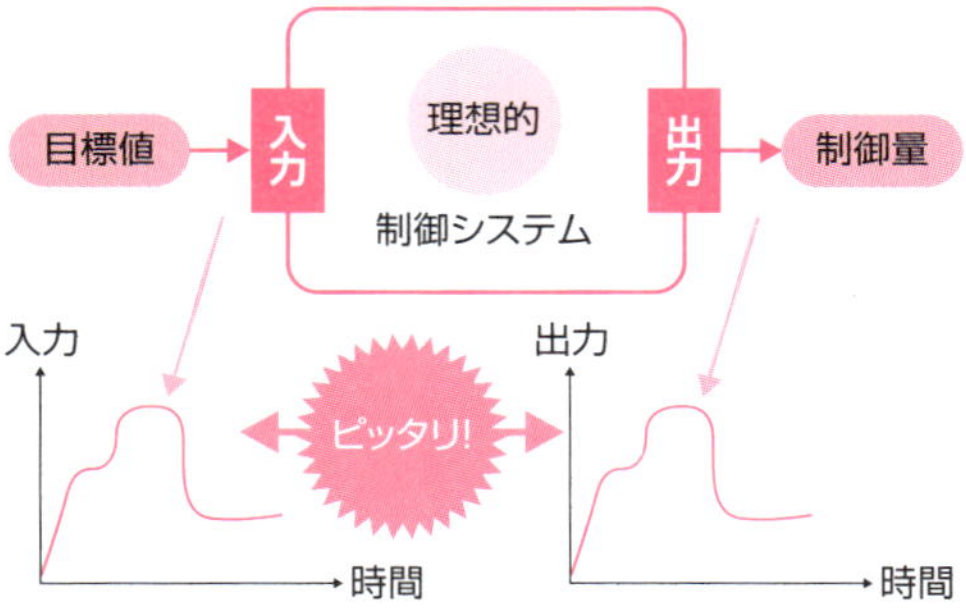

入力を変化させると、出力が即追従する。

PWM制御

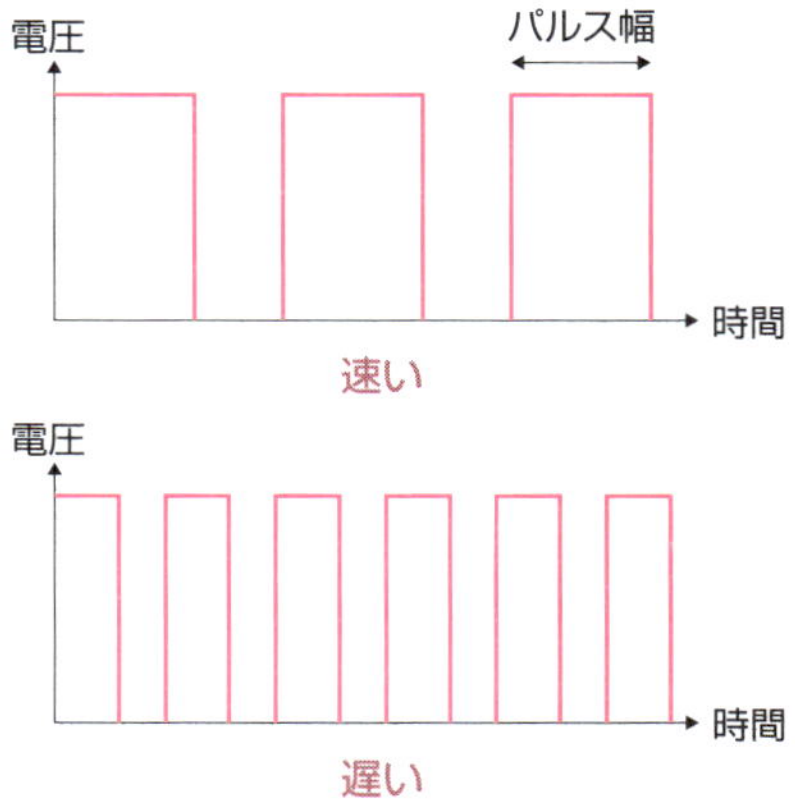

54 ステッピングモータ

パルスの数で回転角を制御する

ステッピングモータは、パルス信号の数に対して段階的に回転するモータのため、別名「パルスモータ」とも呼ばれています。

ステッピングモータの最大の特徴は、オープンループ制御で動くということです。つまり、入力パルス信号の数に比例して回転角が決められるため、サーボ機構のようにセンサが不要で、フィードバックなしで制御することができるモータです。

ステッピングモータは、性能に対して安価な動力部品として構成できる特徴があります。例えば、位置決め制御をする場合、先に説明したサーボモータの使用を考えがちです。しかし、高度な速度、あるいは、高いトルク制御を要求しないのであれば、ステッピングモータでも簡単に精度よく位置決めができます。そのため、プリンタやスロットマシンなど駆動トルクを必要としない位置決めが必要な装置などに利用されています。

ステッピングモータを用いた設計を行う場合、設計者はトルク特性を確認する必要があります。ステッピングモータは、入力するパルス周波数で速度が決められる一方、その周波数で出せる最大トルクを超えると回転が停止してしまいます。この現象を脱調と言います。

ステッピングモータの大きな特徴は、停止したまま直流電流を流し続けていると、その位置を保持しようとしていて、トルク特性、つまり、熱が発生します。また、負荷トルクを加えた場合に、起動できないという限界点があるため、駆動周波数を見極める作業が設計者の重要な役割となります。

なお、ステッピングモータは、専用の駆動装置であるドライバがないと運転できません。トルク特性は電力の制御で大きく異なるため、専用の駆動回路とセットで選定する必要があります。

要点BOX

- ●ステッピングモータはパルス信号で回転する
- ●モータ駆動には専用ドライバが必要

ステッピングモータの特徴

長所

1.モータの動作は、モータに入力するパルス信号で容易に制御できる。
2.回転軸の位置や速度情報をフィードバックする回路が不要(オープンループ制御)。
3.接触ブラシがないため、信頼性が高い。

短所

1.パルス信号を出力する回路が必要。
2.制御が不適切な場合、脱調が発生することがある。
3.回転軸が停止しているとき、電流を流し続けるため発熱しやすい。

ステッピングモータの動きの基本になるのがステップ角で、モータの総磁極数によって違う。

ステッピングモータのステップ角度を決定するのは以下の式…


ステップ角=360度／(NPH×PH)=360度／N

NPH：各相あたりの磁極数
PH：相数
N：全ての相にある総磁極数

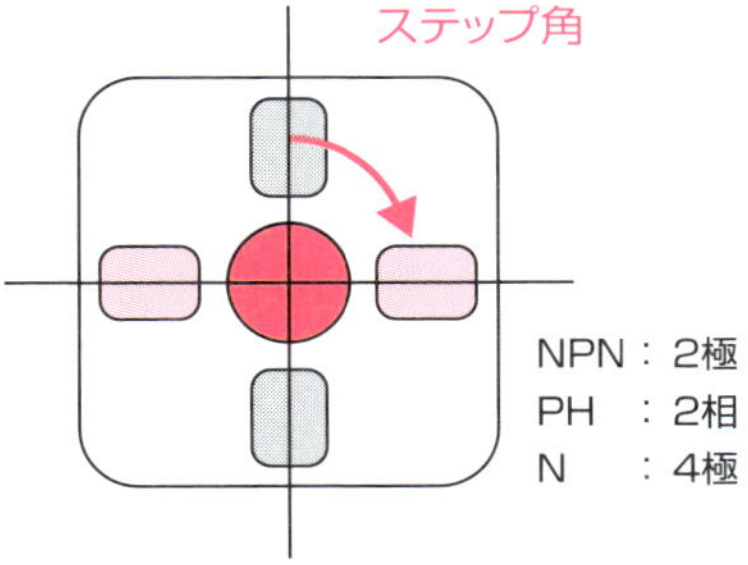

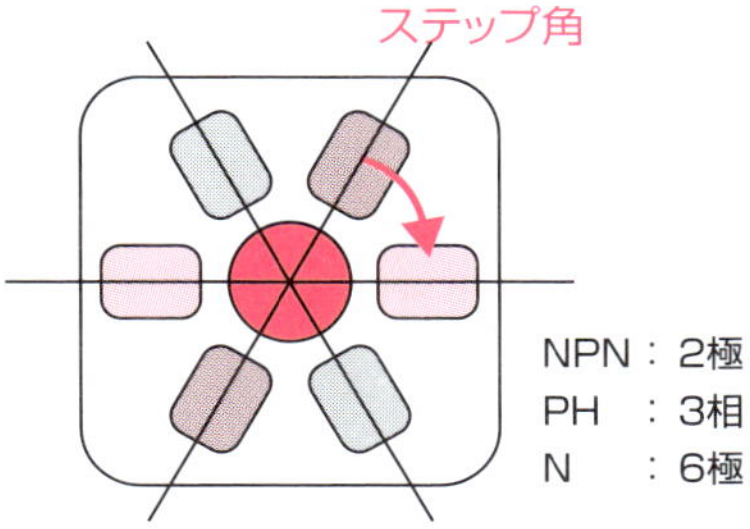

応用製品

同期性、応答性に優れているため、頻繁な起動・停止に最適。

モータ自身の保持力によって停止するため、低剛性機構で停止時に振動があっては困る用途に最適。

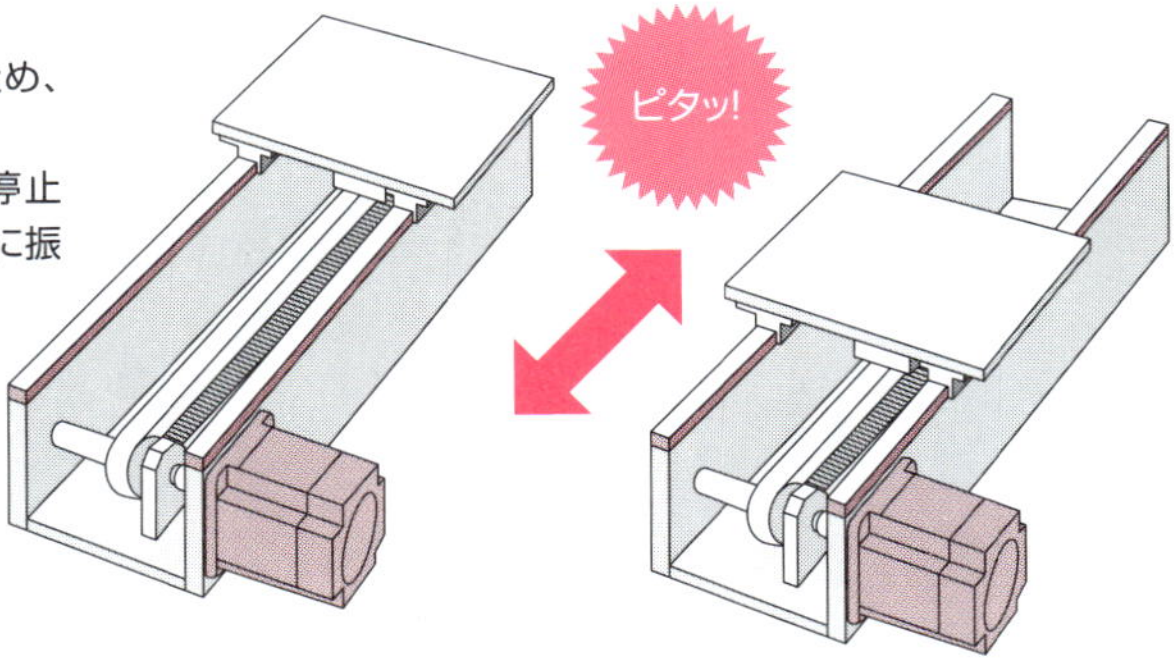

55 モータドライバ

モータに与えるエネルギーを制御する

モータは機械を動かすためのエネルギー源である動力として用いられます。一方、モータの駆動回路であるドライバは、エネルギーを制御することが主な目的として使用されます。モータには、ドライバと組み合わせて使用するタイプと組み合わせないタイプがあります。ドライバを使わない方式では、スイッチを直並列につなぎ変えたり、あるいは、抵抗器をいれて直流電圧を調節しながらモータの回転数を制御します。しかし、その多くは、直流電源や交流電源をモータに直結してコントロールすることが難しいため、ドライバと呼ばれる駆動回路を用いています。

ドライバは、商用電源や電池などの電力をモータの回転動作にふさわしい形態に変換できます。例えば、ＤＣモータは単純に電流を与えると回転はしますが、電流の流れる方向、つまり、右回転、左回転、または停止というような制御はできません。このように正回転（ＣＷ）から逆回転（ＣＣＷ）までの動作を連続的に行うには、電流をスムーズに変換するための駆動回路が必要になります。

一方、交流モータのドライバでは、電圧や電流の他に周波数や位相、波形なども変換できます。ステッピングモータのドライバは、パルスの数やパルスの間隔を調節します。同期モータでは、始動装置があればドライバがなくても回転可能です。しかし、最近の永久磁石同期モータでは、専用のドライバがないと起動することも運転することもできません。

ドライバの性能は、電流の流れる大きさとＯＮ／ＯＦＦ信号の速さで決まります。たくさん電流を流せるドライバならばパワーのあるモータを回すことができる上、ＯＮ／ＯＦＦが速い間隔で制御ができます。ドライバを用いることによって、負荷が重くなっても回転数を一定に保てたり、一定時間に目標とする回転数まで上げたり、モータを意のままに操ることができるのです。

要点BOX

- ●電源電力を回転動作にふさわしい形態に変更
- ●正転、逆転、停止の動作が可能

モータドライバ

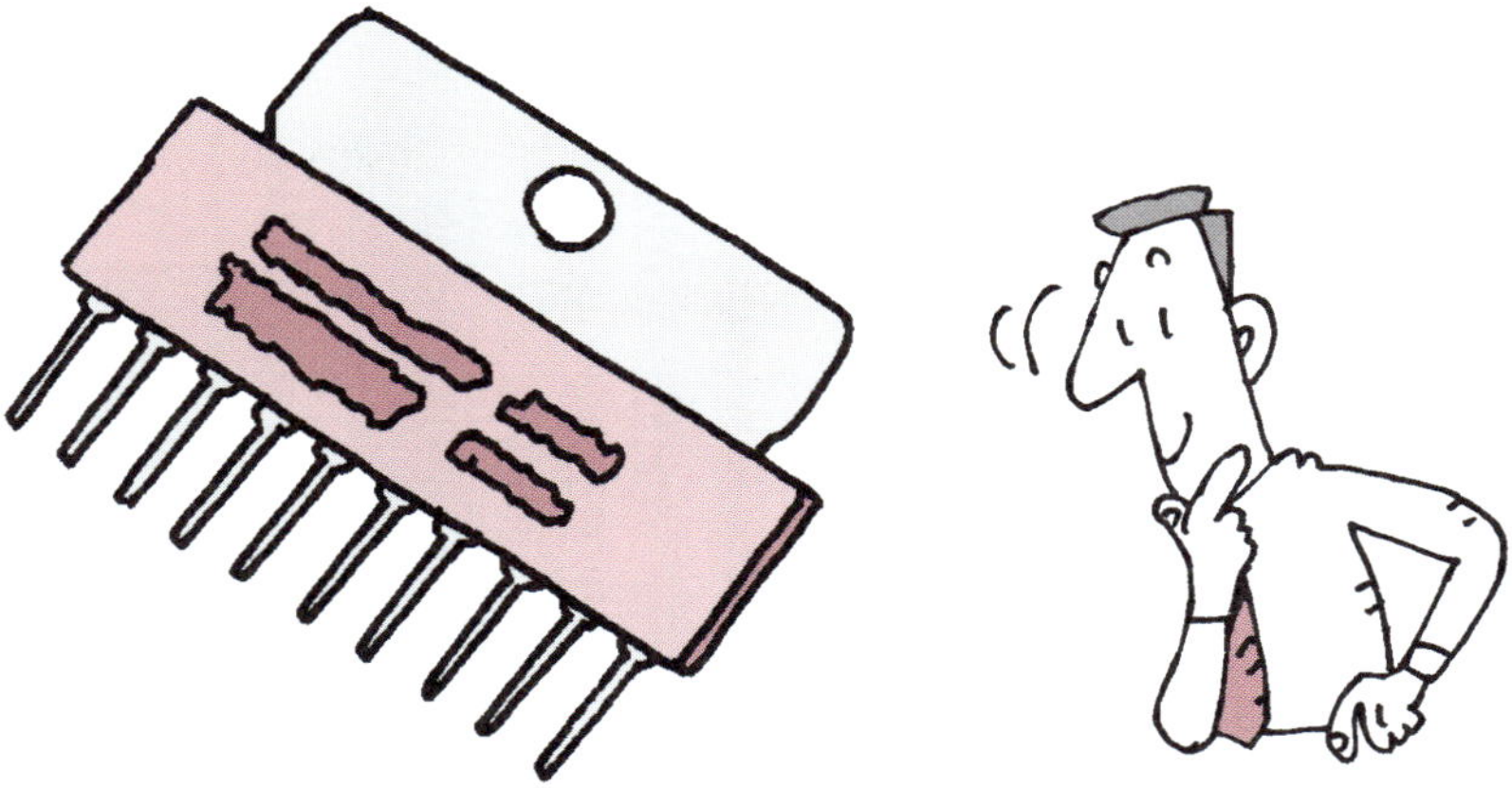

正転　スイッチ1、4=ON
スイッチ2、3=OFF

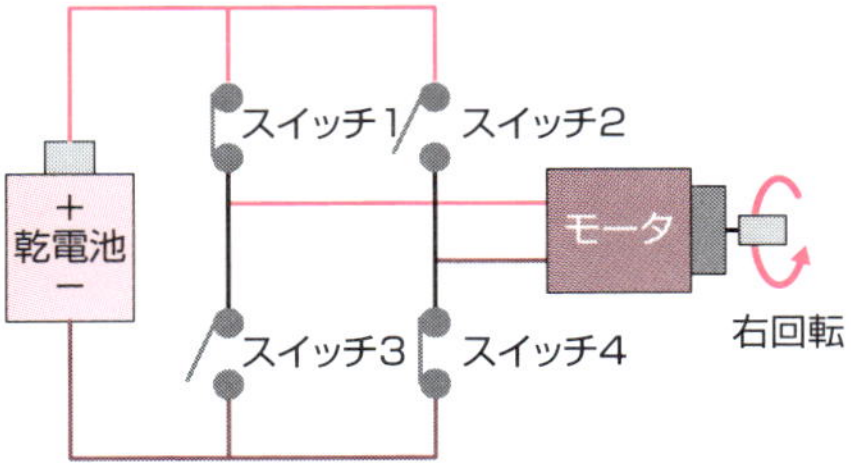

逆転　スイッチ1、4=OFF
スイッチ2、3=ON

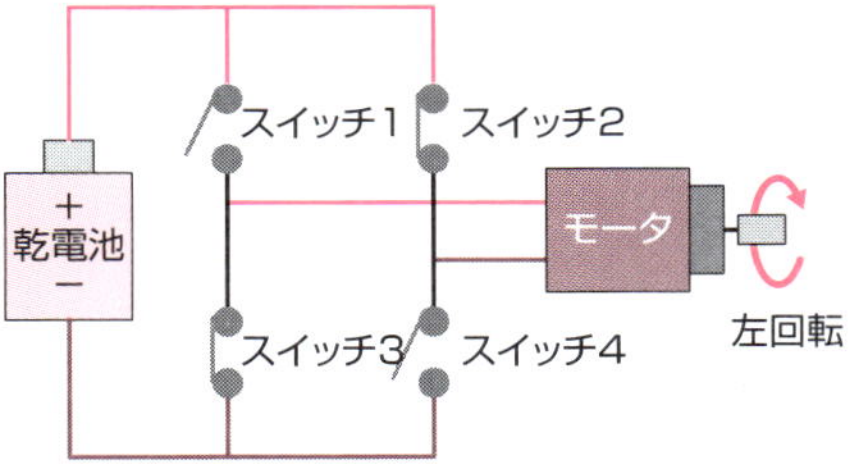

Hブリッジ回路の例

トランジスタ(Tr)をスイッチとして使って、下のようなHブリッジ回路を構成しています。

DCモータは、電流の極性を入れ替えて回転方向を切り替えています。

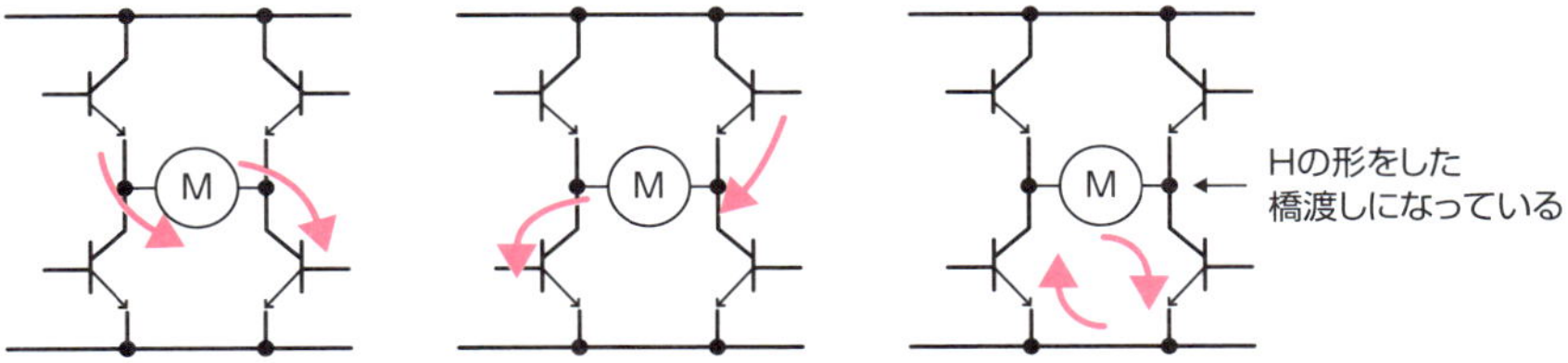

正転のとき　逆転のとき　ブレーキのとき

出典：「メカトロニクス The 設計・開発プロジェクトツアー」西田麻美著：日刊工業新聞社

56 空圧シリンダ（エアーシリンダ）

圧縮された空気でピストンとロッドを往復移動

空圧シリンダは、圧縮された空気によってピストンとロッドを往復移動させ、その動きを機械の駆動源として利用するものです。

エアーコンプレッサからの圧縮空気に含まれる水分、ごみ、油煙をフィルタによって除去し、レギュレータによって空気圧力を調整します。必要に応じて、シリンダに供給するエアーにミスト状の潤滑油を混入するルブリケータを用いて、シリンダ内部の可動部の摩耗を抑制します。

設定圧に調整された圧縮空気は、空圧用電磁弁によって空圧シリンダへの供給を制御します。電磁弁を切り換えることによって、空圧シリンダを前進または後退させます。ここで、前進または後退する速度を調整するには、逆止弁と絞り弁を並列に組み合わせたスピードコントローラを用います。空圧シリンダに供給する空気量を調整するメーターイン方式と、排気する空気量を調整するメーターアウト方式があります。

設計時は次の手順で検討して、それぞれ最適な機器を選定します。

①必要な推力から空気圧力とシリンダ内径を決める。

⇩フィルタ、レギュレータを決定。

②必要な移動距離からシリンダストロークを決める。

③空圧シリンダの種類、取り付け方法、必要なオプション、制御方法を決める。

⇩空圧シリンダと電磁弁の型式を決定。

空圧シリンダは、摺動部にパッキンを使用していますが、この部分の摩耗や劣化によるトラブルが発生します。そのため寿命を延ばすには、適切な材質の選定やルブリケータの活用が必要になります。

最近では、高精度、多点位置決めなどの要求から、空圧シリンダを電動シリンダに置き換えることも検討されています。しかし、制御が簡単で安価なため、空圧シリンダの利用価値はなくならないでしょう。

要点BOX

●電磁弁で圧縮空気の供給を制御
●摺動部パッキンの劣化に注意

空圧シリンダの構造

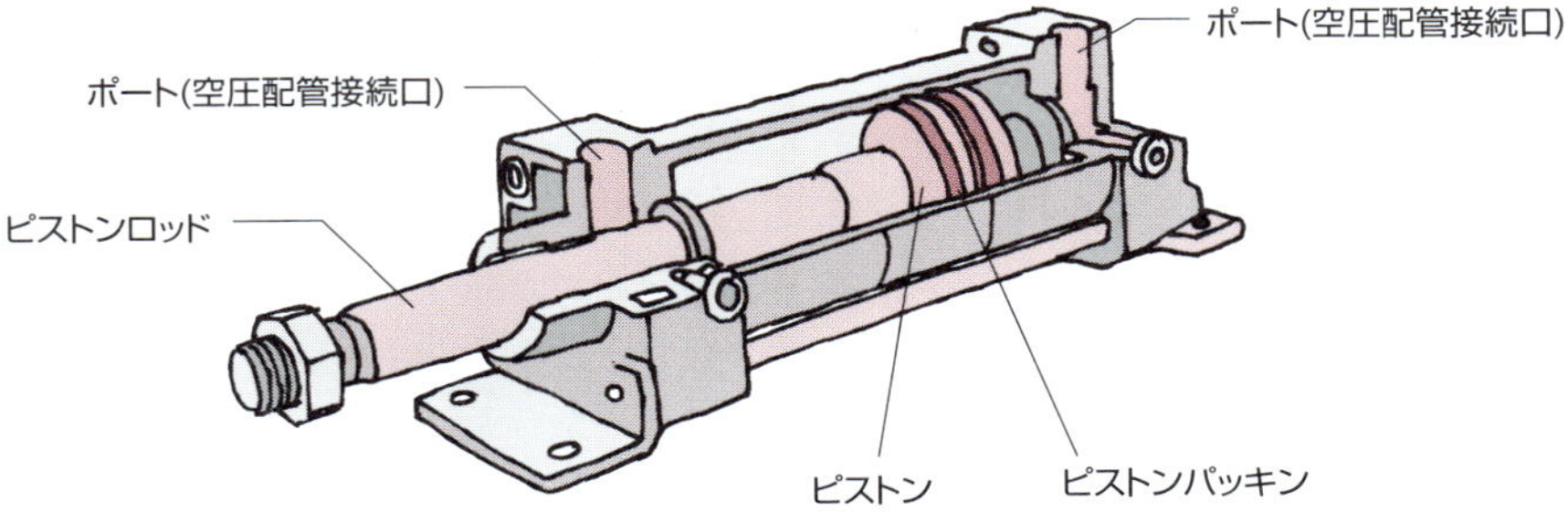

空圧機器の接続例

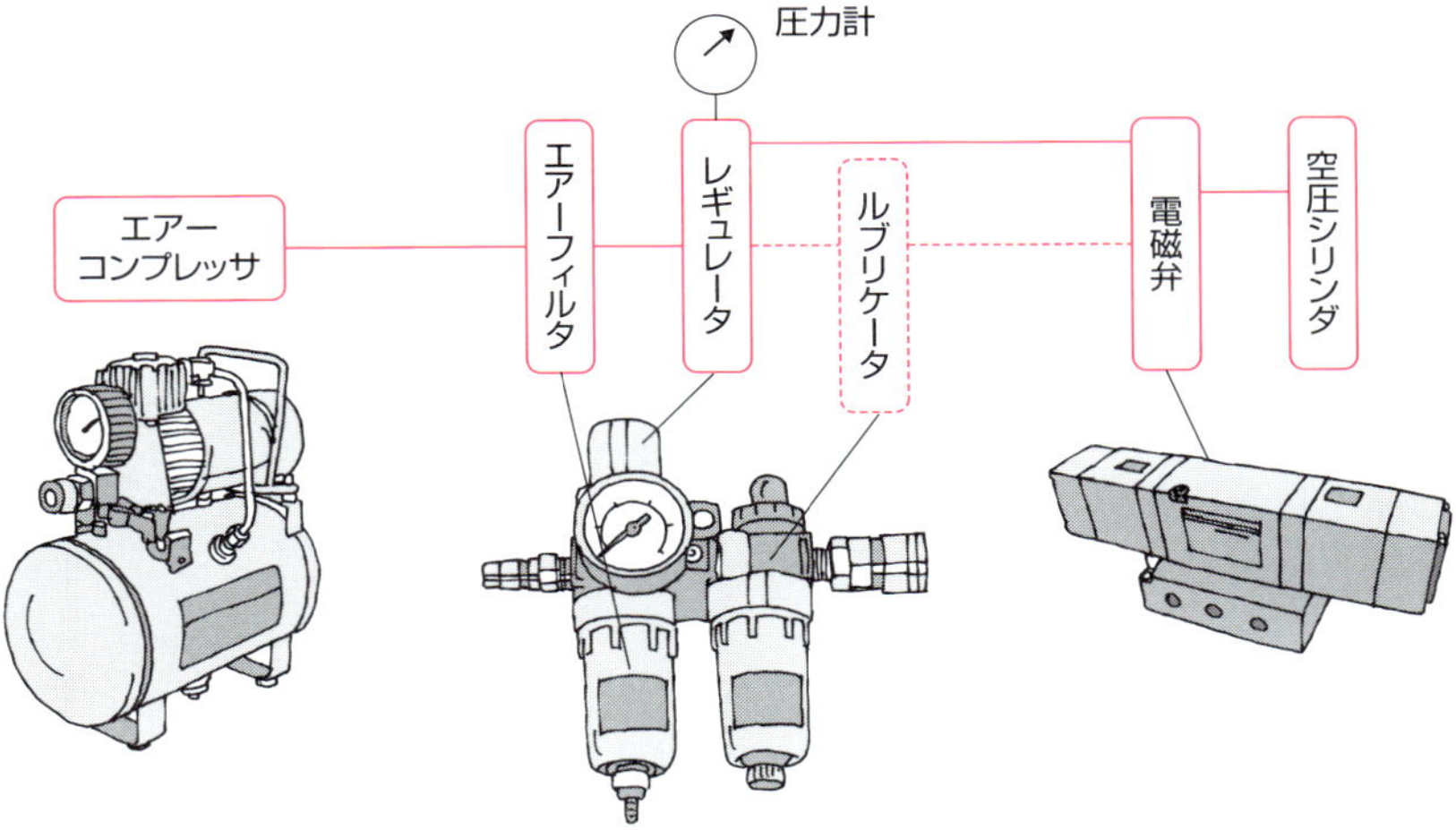

空圧回路図例

空圧シリンダ後退時

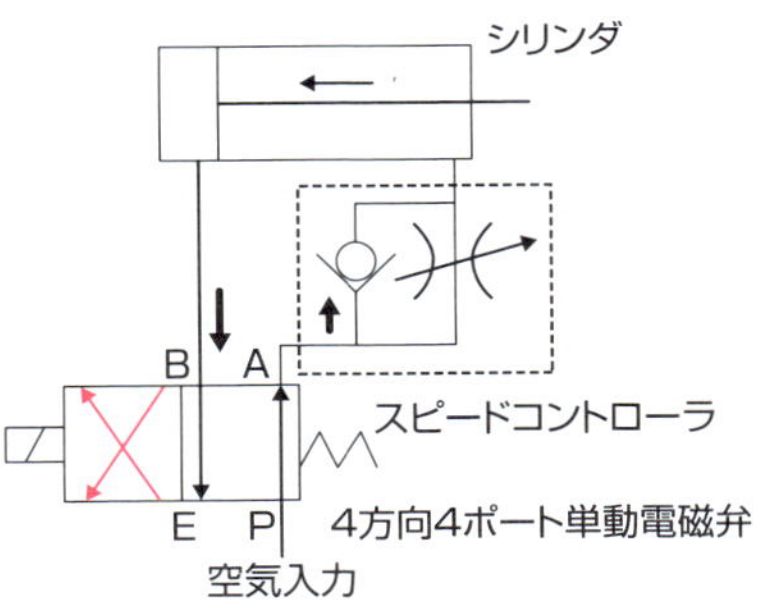

空圧シリンダ前進時

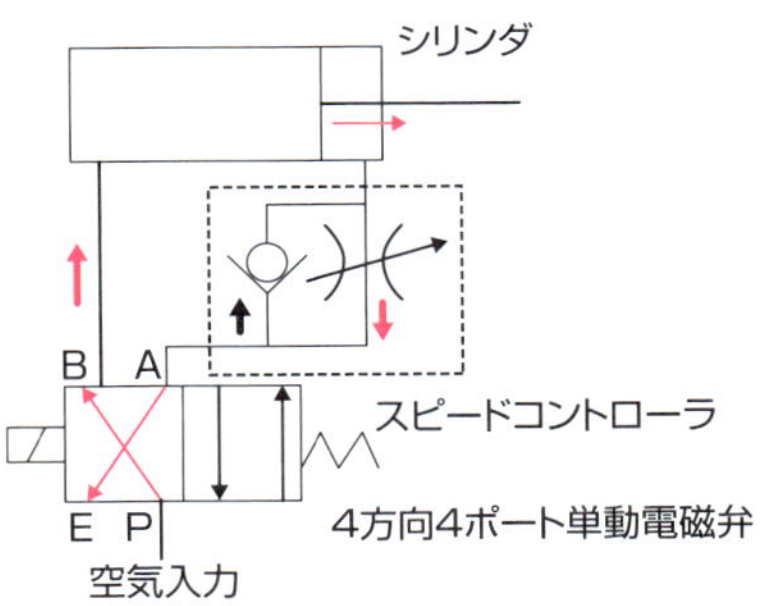

57 油圧シリンダ

高圧な油でピストンとロッドを往復移動

油圧シリンダは、高圧な油によってピストンとロッドを往復移動させ、その動きを機械の駆動源として利用するものです。動作は空圧シリンダと同じですが圧力が高いため、より大きな力を安定して出力することができます。

油が溜まったタンクから油圧ポンプによって高圧な油を吐出します。油圧ポンプはフィルタを通してごみを除去した油を吸って、圧力制御弁で設定圧に調整後吐出します。間欠的に動かしたり、短時間に大流量が必要だったり、消費電力量を削減させたい場合などには、アキュムレータを用いることがあります。

高圧で設定圧に調整された油は、油圧用電磁弁によって油圧シリンダへの供給を制御します。電磁弁を切り換えることによって、油圧シリンダを前進または後退させます。ここで、前進または後退する速度を調整するには、逆止弁と絞り弁を並列に組み合わせた流量制御弁を用います。油圧シリンダに供給する油の量を調整するメータイン方式と、排出する油の量を調整するメータアウト方式があります。設計時は次の手順で検討して、最適な機器を選定します。

①必要な推力から油の圧力とシリンダ内径を決める。
⇩油圧ポンプを決定。
②必要な移動距離からシリンダストロークを決める。
③油圧シリンダの種類、取り付け方法、必要なオプション、制御方法を決める。
⇩油圧シリンダと電磁弁の型式を決定。

油圧シリンダを安定して使用するためには、油やフィルタ、パッキンの定期的なメンテナンスが必要です。また、配管内へのエアーの混入や、配管が長過ぎたり径が小さいと、正常に動作しないことがあります。

近年、環境への配慮から電動シリンダへの代替が進んでいます。しかし、制御が簡単で高出力、高応答性の油圧シリンダは、非常に有効なアクチュエータの一つといえるでしょう。

要点BOX

- 高圧のため大きな力を安定して出力
- 環境への配慮から電動シリンダに代替

油圧装置例

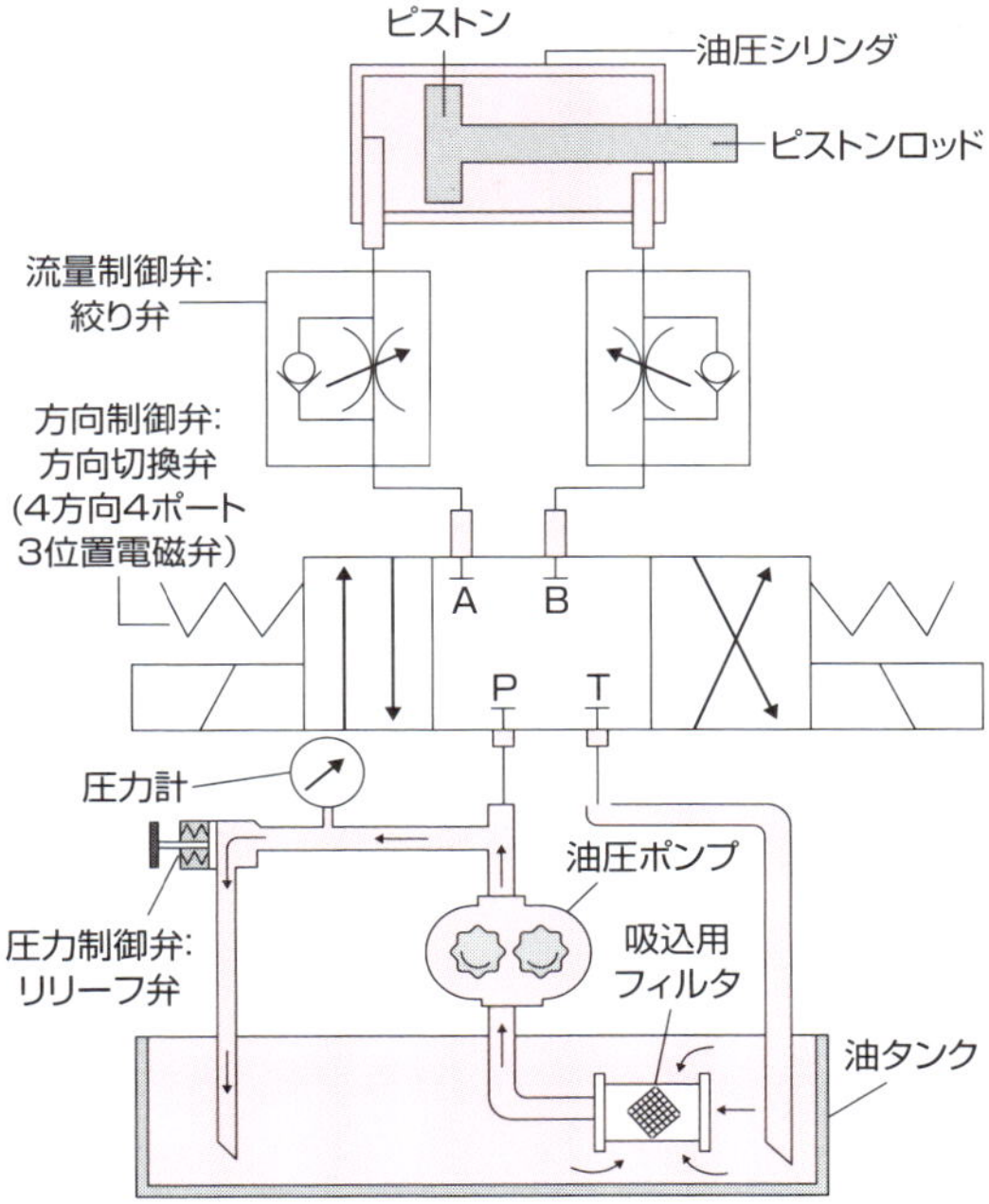

油圧ポンプ	ギヤポンプ
	ベーンポンプ
	プランジャポンプ
	(レシプロ型、ラジアル型、アキシャル型)
圧力制御弁	リリーフ弁
	減圧弁
	シーケンス弁
	カウンタバランス弁
	アンロード弁
流量制御弁	絞り弁
方向制御弁	パイロットチェック弁
	逆止め弁
	方向切換弁

油圧装置と空圧装置の比較

項目	油圧シリンダ	空圧シリンダ	コメント
出力	大	小	油圧の方がより高圧にすることが可能
圧縮性	無	有	油圧と空圧との最も違う点といえる
価格	高価	安価	油圧装置は高価
経済性	悪い	良い	油圧装置は運転にコストがかかる
大きさ	大型	小型	油圧装置は大きいため場所を取り、重い
安全性	低い	高い	油が燃える危険がある
環境性	悪い	良い	排油による環境への影響がある
応答速度	速い	遅い	空気は圧縮率が大いため反応が悪い
負荷変動による速度変化	小	大	負荷が変化しても油圧は安定している
温度差による速度変化	大	小	空気の方が油より温度変化の影響を受けない
メンテナンス性	困難	容易	油圧はごみ、サビに弱く、配管作業が面倒
速度範囲	大	小	油圧は無段変速が簡単で、円滑
効率	高い	低い	油圧はエネルギーロスが少ない
信頼性	高い	低い	油圧は安定した運転が可能
美観	悪い	良い	油圧装置は油漏れの恐れがある
騒音	大	小	油圧装置の方が動作音が大きい

Column

次世代の機械設計技術者へ

機械設計者のほとんどは、「モノの仕組み」に興味があり、「すごいな」「面白いな」という疑問や好奇心から、ものを作ったり道具を使ったりすることに非常に積極的です。さらに、技術力を養い、経験を積めば、機械設計の能力に自信を抱くようになります。自分が手がけた製品が市場に出て評価され、人の役に立てたと感じたとき、何事にもかえがたい喜びと達成感が得られ、ますます設計が好きになります。

一方で、これら縁の下にある技術の世界はとても厳しいもので、最大限の努力をしても、うまくいくとは限りません。「為せば成らない」というのが非常に多い世界なのです。ですから、設計者は皆、失敗しては、考え、改善して、また失敗して…、このように試行錯誤を繰り返しながら意図・根拠・理由などをより深く考えることによって、機械設計の能力が向上していきます。確かに、その瞬間の繰り返しはムダに思えるかもしれませんが、粘り強くやることで、技術的なノウハウが蓄積されて、設計センスが養われます。そのほか、先輩技術者の知識や経験、過去の失敗例、実績があるもの、一般に公開されている特許などもとても役に立つ情報源になります。従来の生産システムでは3K（きつい、汚い、危険）と呼ばれる労働を余儀なくされていました。そこで、人の作業負担を軽減させるために様々な機械技術が導入され、それらの基礎技術は広範囲に普及しました。今後は、人と共存する機械やパーソナルロボットをはじめ、医療福祉・介護支援など、「人間との関わり」を深めた新しいタイプの機械が期待されています。こうした製品開発の中心的な役割を担うのも言うまでもなく機械設計なのです。

現在、もの作りは世界と戦うようなグローバル化が進み、技術や価格競争が一段と激しくなり、製品寿命も非常に短くなっています。つまり、一歩踏み込んだ技術革新が求められているのです。これまでのように、機械設計者が機械分野だけを理解し、実践しているだけではとても追いついていけません。これには、他分野も含め、疑問と好奇心を持って自ら「よし、やろう」と動き出せる技術者になることが望まれます。失敗を恐れず、多いに楽しむ心境で仕事に取り組むことが大切だといえます。

第8章

機械設計者が知っておくべき周辺知識

58 国際単位系（SI）

世界共通ルールの単位系

国際単位系とは、十進法をベースとした世界共通の単位体系のことです。フランス語でLe Système International d'Unitésと標記されることから、この頭文字をとってSIと呼ばれています。社会のグローバル化に合わせて、計量の分野でも世界共通ルールが必要となってきたことから決められた単位です。

その母体は1857年にパリで行われた万国博覧会で、長さ、面積、体積、質量の四つの物理量を国際統一すると決議されたメートル法です。その後メートル法から派生してできたMKSA単位を元として作られたのがSI単位です。1960年の第11回国際度量衡総会（CGPM）で正式に制定されました。

日本では1991年より日本工業規格（JIS）でSI単位準拠となりました。さらに1992年に全面改訂された計量法第3条では、SI単位の使用が義務付けられています。

SI単位は、七つの基本単位と組立単位、接頭語で構成されています。七つの基本単位とは、長さ、質量、時間、アンペア、熱力学温度、物質量、光度を表します。また、組立単位とは、すべての物理量は基本単位の組み合わせで記述できるという原則に基づいて、作られています。なお、組立単位の中には固有の名称と記号の使用を認められているものもあります。

SI単位では、大きい量や小さい量を表すときに併用できる接頭語が決められています。これらは、ナノテクノロジーのナノやヘクトパスカルのヘクトなど、日常生活でもよく聞くものもありますが、基本単位や組立単位と任意に組み合わせて使うことが認められています。

現在SI単位が広い支持を得ることになったのには、二つ大きな理由があります。一つは、基本単位に再現性が高い物理量が選ばれていることです。もう一つは、組立単位が基本単位の乗除だけで表されていて、単位相互の換算に係数が入り込んでいないことです。

要点BOX

- ●SI単位は、単位の世界のグローバルスタンダード
- ●技術ドキュメントは、SI単位系で記載

SI単位の構成

区分	内容	単位の例
基本単位(全部で7個)		m、kg、s
組立単位	基本単位の組み合わせで表示するもの	m^2、m/s、kg、m^3
	固有の名称と記号の使用を認められているもの(全部で22個)	N、Pa、J
SI以外の単位	慣用的、歴史的な理由から使用が認められている	min 、h、d、ℓ、t

七つの基本単位		
量	単位の名称	単位記号
長さ	メートル	m
質量	キログラム	kg
時間	秒	s
電流	アンペア	A
温度	ケルビン	K
物質量	モル	mol
光度	カンデラ	cd

固有の名称と記号の使用を認められている組立単位の例(22個から機械設計でよく使われているものを抜粋)			
量	単位の名称	単位記号	基本単位による表現
力	ニュートン	N	$m \cdot kg \cdot s^{-2}$
圧力、応力	パスカル	Pa	$m^{-1} \cdot kg \cdot s^{-2}$
エネルギー、仕事、熱量	ジュール	J	$m^2 \cdot kg \cdot s^{-2}$
工率、放射束	ワット	W	$m^2 \cdot kg \cdot s^{-3}$
周波数	ヘルツ	Hz	s^{-1}

SI単位使用上の注意点

力の単位はニュートン(N)です。重量や荷重は力なので単位はニュートン(N)です。質量の単位であるキログラムとは混同しないようにしましょう。

回転トルクはN·mで表します。このN·mはエネルギーの単位であるJ(ジュール)と同じですが、Jで表すことはできません。

2個以上の単位記号の積と除の記載方法には、次のような決まりがあります。

(積)　N·mまたはN m　　中点(·)または空白(スペース)を入れます。

(除)　m/sまたは$m \cdot s^{-1}$　　/は一回のみの使用とします。m/s/sは不適当です。

圧力を絶対圧力か相対圧力で識別する必要がある場合には、例えば 0.5MPa の後に(Abs)あるいは(Gauge)を括弧書きで表示した方が確実です。

59 ＪＩＳとＩＳＯ

工業規格であるＪＩＳとＩＳＯ

ＪＩＳもＩＳＯも規格の一つです。規格とは、標準化という作業を通じて制定された取り決めのことです。標準化により工業製品の統一や単純化が可能になります。標準化による大きなメリットは、互換性やインターフェースの整合性を確保できることです。例えば、製品ごとにネジの寸法が違う、パソコンにつなげるコネクターのサイズが違うとなれば、消費者は困ってしまいます。

ＪＩＳとは、Japanese Industrial Standardsの略で、工業標準化法に基づき制定された日本工業規格のことです。ＪＩＳは経済産業省に設置されている審議会の一つである日本工業標準調査会（ＪＩＳＣ）で制定されています。２０１４年３月末時点で１０５２５件のＪＩＳ規格が19のカテゴリーに分類されています。なお、すべてのＪＩＳはＪＩＳＣのホームページ上で閲覧可能です。また、購入したい場合には（財）日本規格協会のホームページからも可能です。

ＪＩＳは、その性格によって基本規格、方法規格、製品規格の三つに分類することができます。この中で登録件数は基本規格が最も多くなっています。

ＩＳＯ（International Organization for Standardization）とは、電気を除く工業規格を策定する民間の非政府組織で、世界最大の国際標準化組織です。我が国のＪＩＳＣをはじめ、アメリカのＡＮＳＩやドイツのＤＩＮなどが会員として規格化の作業を進めています。現在１６２カ国が参加して１８０００以上の規格があります。なお、電気に関する工業規格はＩＥＣ（International Electrotechnical Commission）で規格化されています。ＪＩＳなどの国内規格も、国境を越えて世界共通で使えるように国際規格への整合化が求められています。

顧客からの要求事項には、対応規格が求められていることが多いので、設計者はこれらの規格を熟知して、設計を実施することが大切です。

要点BOX
- ●JIS、ISOは標準化された工業規格
- ●機械設計者は、規格を熟知したうえで設計することが求められている

JISの分類と登録件数

分類記号	分類	登録規格数
A	土木及び建築	571
B	一般機械	1651
C	電子機器及び電気機器	1,601
D	自動車	372
E	鉄道	148
F	船舶	395
G	鉄鋼	440
H	非鉄金属	410
K	化学	1,740
L	繊維	218
M	鉱山	162
P	パルプ及び紙	77
Q	管理システム	80
R	窯業	371
S	日用品	190
T	医療安全用具	525
W	航空	97
X	情報処理	515
Z	その他	836
		10,399

（日本工業標準調査会ホームページより引用）

一般の機械設計者がよく使うJIS規格はB、GとH。
B:機械基本／機械部品／FA／工具・ジグ類／工作用機械／精密機械など
C:鋼材／鋳鉄・銑鉄など
H:伸銅品／その他の伸展材／鋳物／機能性材料など

JISは、その性格から次の3つに分類することができる。

1.基本規格	用語、記号、単位、標準数などの共通事項を規定
2.方法規格	試験、分析、検査および測定の方法、作業標準などを規定
3.製品規格	製品の形状、寸法、材質、品質、性能、機能などを規定

60 安全規格と法令

機械設計者は安全にも十分対応する

機械の安全規格はＩＳＯが基本となって、ＪＩＳに翻訳されています。いわゆる翻訳ＪＩＳです。

その中でも最も基幹をなしている規格はISO 12100（JIS B 9700）です。この規格は、すべての機械類を設計するための基本概念、設計原則を規定したもので、あらゆる機械を設計する際に必須となる安全要件が示されています。

ＩＳＯでは、安全に関する規格をタイプA、タイプB、タイプCの3層に区分していて、ＪＩＳもこの考え方に従って分類されています。しかし、現状では全体像が整理され体系化されている状態ではなく、また一つの規格を使えばすべての用が足りるということではありません。そのため、設計部門は海外規格を含め法令や規格類を、適宜収集する努力が求められています。

ISO 12100は設計側に求められた規格体系です。しかし、2006年の労働安全衛生法の改定により、ユーザー側にもリスクアセスメントを努力義務で実施するように求めています。このことは機械の製造者側でも機械安全リスクアセスメントを実施して、本質安全設計や安全防護および付加保護策などを実施して、リスクを低減することが必要になってきます。それでも消しきれないリスクについては、ユーザーに残留リスクとして伝達しなければなりません。

もう一つ安全に関する忘れてはいけない法令として、製造物責任法（ＰＬ法）があります。製造物責任法では、製造物に欠陥があり、人の生命や身体、財産に係る被害が生じた場合には、製造会社等が損害賠償の責任を負うことを定めています。

ここで、製造物の特性や通常予見される使用形態などを考慮せずに、安全性を欠いていた場合には、欠陥とみなされます。そのため、設計者としても十分に安全性が確保されていることを確認する必要があります。

要点BOX

- ●設計者は規格を収集する努力を
- ●製造物責任法（PL法）にも注意が必要

安全に関する規格とその対応規格

安全に関する規格			対応する規格の例		
タイプ		規格の目的	JIS規格	規格名	対応するISO規格
A	基本安全規格	すべての機械類で共有の基本概念、計画原則を扱う規格	JIS B 9700	設計のための基本概念	ISO 12100
			JIS B 9702	リスクアセスメントの原則	ISO 14121
B	グループ安全規格	広範囲の機械類で利用できる安全または安全装置を扱う規格	JIS B 9705	制御システム安全	ISO 13849
			JIS B 9703	非常停止	ISO 13850
			JIS B 9711	人体部位の最小隙間	ISO 13854
			JIS B 9714	予期しない起動の防止	ISO 14118
			JIS B 9960	機械の電気装置一般要求	IEC 60204
C	個別機械安全規格	特定の機械類に対する詳細な安全要件を規定する規格	個別の機械類の例		
			工作機械、産業機械、農業機械、輸送機械、等々		

必ずしもすべての機械に対して、タイプCが用意されているわけではない。タイプCにない機械についてはタイプAあるいはBの規格を活用して、安全を作り込むことになる。

※2014年6月の労働安全衛生法の一部改正が公布されたことに伴い、今後化学物質のリスクアセスメントが義務化されます。

61 RoHS指令

六つの有害化学物質を使用規制する

RoHS（ローズ）指令とは、「欧州で販売される機器の中に有害物質を含む場合、一定値以下に抑えなければならない」という指令です。

RoHS指令での有害物質は、鉛・水銀・カドミウム・6価クロム・ポリ臭化ビフェニル・ポリ臭化ジフェニルエーテルの6種類と定められています。これらの有害物質を含む機器を欧州に輸出するとき、この指令が適用されることになります。RoHS指令を元に、各国が有害物質を規制する法律を定めています。すなわち、指令を違反した場合には、輸出先の国によって異なる罰則が与えられます。

RoHS指令は有害物質の最大濃度を規定しています。例えば、鉛では0・1重量%以下です。濃度の考え方は、最終製品に対するものではなく、一様な組成で機械的に分離できる部分単位です。したがって、異なる材質の部品を組み合わせた機械設計を行った場合には、それぞれの部品ごとに含有量の提示が求められます。

なお、黄銅のように、規制の適用から除外されるものがあります。黄銅は銅と亜鉛の合金ですが、被削性を高めた快削黄銅では4%以下の割合で鉛を含有しています。この快削黄銅で鉛の含有率を0・1重量%以下にすると、加工性が大きく損なわれるため、現在流通している製品への部材供給が滞ってしまいます。このように、産業上の影響が大きい場合には、適用除外を申請することができます。

現在は、すべての化学物質を対象としたREACH（リーチ）規則が実施されています。これは、欧州連合内で安全性と環境への影響を立証するデータを登録した化学物質のみ使用を認める規制です。2018年以降は年間1トン以上使用している全化学物質に対して、申請と登録が必要となり、登録されていない物質は製造や供給ができなくなってしまいます。

要点BOX

- ●六つの特定有害物質の含有量を明確にする
- ●代替困難な場合は適用除外を申請できる
- ●REACH規制では全化学物質の登録が必要

RoHS指令の対象製品

製品群	事例
大型家庭用電気製品	冷蔵庫、洗濯機、電子レンジ
小型家庭用電気製品	電気掃除機、アイロン、トースター
ITおよび遠隔通信機器	パソコン、プリンタ、複写機
民生用機器	ラジオ、テレビ、楽器
照明装置	家庭用以外の蛍光灯
電動工具	旋盤、フライス盤、ボール盤 （大型の据付け型産業用工具は除外）
玩具、レジャーおよびスポーツ機器	ビデオゲーム機、カーレーシングセット
自動販売機類	飲用缶販売機、貨幣用自動ディスペンサー

RoHS指令で使用を禁止されている6物質

化学物質名	主な含有物	最大許容濃度
鉛	黄銅、はんだ、おもり、水道管	0.1重量%
水銀	温度計、気圧計	0.1重量%
カドミウム	快削黄銅、快削りん青銅、めっき	0.01重量%
六価クロム	めっき	0.1重量%
ポリ臭化ビフェニル（PBB）	樹脂の難燃材	0.1重量%
ポリ臭化ジフェニルエーテル（PBDE）	樹脂の難燃材	0.1重量%

RoHS指令の適用除外項目（一部）

化学物質名	適用除外項目	許容値（あれば）
鉛	陰極線管	
	蛍光管ガラス	0.2重量%以下
	鋼材の合金成分	0.35重量%以下
	アルミ材の合金成分	0.4重量%以下
	銅合金の成分	4重量%以下
	高融点はんだ（85重量%以上のスズ鉛合金）	
	光学用ガラス	
水銀	小型蛍光灯（500mm以下）	1本あたり3.5mg以下
	低圧放電ランプ（155W以下）	1本あたり30mg以下
カドミウム	フィルタガラス	

62 輸出管理

日本の輸出管理は外為法で規制を受ける

残念なことですが、大量破壊兵器の開発を行っている国家やテロリストが存在します。日本は世界有数のハイテクノロジー国家であり、日本の技術がテロリストの道具にならないように務めることは、機械設計者一人一人の使命です。大量破壊兵器など自分たちに関係ないと思われている方もいるかもしれませんが、実は身近な汎用品が兵器に使われています。

国連安保理での大量破壊兵器不拡散条約を受けて、日本では『外国為替及び外国貿易法』（外為法）という法律で輸出管理の遵守を求めています。さらに外為法の下に輸出貿易管理令と外国為替令という2つの政令があり、前者では貨物の輸出、後者では技術提供に対して規制しています。

ここで技術提供とは、設計図や仕様書などの技術図書を電子メールなどで渡す行為や海外からの渡航者が日本の施設見学で得た技術も該当しますので、日本国内でもこのような場面に直面する可能性があります。なお罰則も非常に重く、無許可で貨物輸出あるいは技術取引をした場合には7年以下の懲役または７００万円以下の罰金が科せられます。

日本ではリスト規制とキャッチオール規制という2段階の規制になっています。リスト規制とは貨物や技術の機能や性能に着目した規制で、リストに掲載されている貨物や技術が対象です。キャッチオール規制とは顧客や用途に着目した規制で、イラクがリスト規制に該当しない製品を使用して大量破壊兵器の開発を行っていたことから追加されました。

各企業においては、これらの規制を受けるかどうか「該非判定」を行う必要があります。設計者はこの該非判定の作業に直接関わっていくことになります。実は外為法違反の原因の大多数はこの該非判定の未実施、あるいは該非判定時に法令の知識不足などに因るものです。したがって、設計者は関連法規を十分に理解しておく必要があります。

要点BOX

- 汎用品が大量破壊武器に使われている
- 貨物だけでなく、技術提供も規制される
- 該非判定が実施できるよう関連法規を理解

身近な汎用品が兵器に使われている例

工作機械	➡	ウラン濃縮に必要な遠心分離機の成型加工
トリエタノールアミン（シャンプーや自動車の不凍液）	➡	化学兵器であるマスタードガスの原材料
凍結乾燥機（インスタントコーヒー）	➡	生物兵器の製造装置
微粉末を作るジェットミル	➡	ミサイルの固形燃料の製造
炭素繊維（テニスラケット、ゴルフジャケット）	➡	ミサイルの構造部材

該非判定とは

輸出しようとする貨物、提供しようとする技術（プログラム含む）がリスト規制貨物等に該当するものであるか否かを判定すること。

▶リスト規制では、特定の貨物等に対し、その輸出等に祭し事前の許可が義務付けられています。

▶貨物については「輸出貿易管理令別表第一（以下別表第一と略）」、技術は「外国為替令別表」で品目名が定められ、「貨物等省令」でそれらの仕様が定められています。その仕様を満たす貨物等であるか否かを確認することで、リスト規制品の該非を判定します。

（該非判定の手順①）別表第一等の1項～15項の品目の中に輸出貨物等があるか。	（手順②）貨物等省令で規定する仕様を、輸出貨物等が満たすか。	（結果）該非判定結果	判定後の対応
ある	仕様を満たしている	該当	取引審査を行い輸出前に許可証を取得
ある	仕様を満たしていない	非該当	キャッチオール規制のチェックへ
ない	―	対象外	キャッチオール規制のチェックへ

●品目名で、別表第一と通常使用の呼称が合致しない貨物があるので注意が必要。
●別表第一で明記されていなくても「貨物等省令」で使用等が指定されている貨物があるので注意が必要。

該非判定書（例）

あて先：△△商事　殿
商品名：○○クリーナー
該非判定結果：輸出貿易管理令別表第1の3項（1）
貨物等省令2条1項1号へ　に該当
判定理由：本商品は××を含有しているため。

判定日：平成23年7月○日
判定者：××株式会社　○○太郎（印）

判定対象貨物等の名称、型式等

該当項番、判定結果、判定根拠（該当or非該当）

●注意
判定書の様式は自由

該非判定した年月日、判定者

※判定書（該当証明書、非該当証明書等）は、各社で任意に発行するものですが、発行にあたっては、上記の点などに留意する必要があります。

63 知的財産権と産業財産権

創作者に一定期間の権利保護を与える

「知的財産権」とは、知的創造活動の成果について、創作者に一定期間の権利保護を与えるものです。「知的財産権」のうち、特許権、実用新案権、意匠権、商標権の四つを「産業財産権」といい、特に特許権、実用新案権は機械設計との関わりが深いです。

産業財産権制度は特許庁が管轄していて、独占権を付与することで〝模倣を防ぎ、研究開発の奨励と商取引の信用を維持して産業の発展と技術の進歩を図ること〟を目的としています。

特許権は、自然法則を利用した技術的思想の創作のうち、高度なものを保護する権利です。一方、実用新案権は自然法則を利用した技術的思想の創作であって、物品の形状、構造または組合せに係るものを保護する権利です。方法に係るものは対象にならず、技術的水準が高い創作である必要もありません。

特許の文章は、できる限り幅広く権利を確保するため、独特の言い回しになっています。そのため、慣れるまで違和感があり、難しく感じるかもしれません。なお、機械設計者が実際に出願する場合は、特許の専門家である弁理士に相談して文章や図を作成することになります。機械設計者は必ずしも特許を書き上げる必要はなく、特許の権利になる部分がどこなのかをはっきりさせて、弁理士あるいは社内特許担当者に内容がわかるように伝えることができればよいのです。特許を出願することでその技術の盗用を防いだり、クロスライセンスを結んで他者の重要な特許を使用することができます。

機械設計者にとって大切なのは、「創造的な新規性のある案」の創出であり、自分のアイデアのどこに斬新なアイデアがあるかを感じ取り、正しく表現できるようになることです。そのためには、日ごろから同じ分野の特許を読んだり、弁理士や社内特許担当者に相談できるようにしておきましょう。

要点BOX

- ●産業の発展と技術の進歩を図る
- ●創造的な新規性のある案を創出

知的財産権の種類と産業財産権

知的財産権の種類

創作意欲を促進

知的創造物についての権利

- **特許権（特許法）**
  - ○発明を保護
  - ○出願から20年（一部25年に延長）
- **実用新案権（実用新案法）**
  - ○物品の形状等の考案を保護
  - ○出願から10年
- **意匠権（意匠法）**
  - ○物品のデザインを保護
  - ○登録から20年
- **著作権（著作権法）**
  - ○文芸、学術、美術、音楽、プログラム
  - ○創作時から死後50年（法人が公表後50年、映画は公表後70年）
- **回路配置利用権（半導体集積回路の回路配置に関する法律）**
  - ○半導体集積回路の回路配置の利用を保護
  - ○登録から10年
- **育成者権（種苗法）**
  - ○植物の新品種を保護
  - ○登録から25年（樹木30年）
- （技術上、営業上の情報）**営業秘密（不正競争防止法）**
  - ○ノウハウや顧客リストの盗用など不正競争行為を規制

信用の維持

営業標識についての権利

- **商標権（商標法）**
  - ○商品・サービスに使用するマークを保護
  - ○登録から10年（更新あり）
- **商号（会社法、商法）**
  - ○商号（会社法、商法）
- **商品等表示・商品形態（不正競争防止法）**
  - 【以下の不正競争行為を規制】
  - ○混同惹起行為
  - ○著名表示冒用行為
  - ○形態模倣行為（販売から3年）
  - ○ドメイン名の不正取得等
  - ○誤認惹起行為

■ 産業財産権

（注）知的財産権のうち、特許権、実用新案権、意匠権及び商標権を産業財産権といいます。

出展:特許庁ホームページ

64 リスクアセスメント

被害レベルを想定し軽減する

リスクアセスメントとは、国際規格ISO12100：2010「機械類の安全性—設計の一般原則—リスクアセスメント及びリスク低減」という安全設計手順の中の前半部として、危険源の同定・リスク見積り・リスク評価と定義されています。すなわち、危険源がどこにあるか、その危険源がどのようなリスクを及ぼすか、そしてそのリスクを許容できるかどうかを判断するまでのプロセスのことを表します。

リスクは、危害の大きさと発生する確率の積で4段階のレベルに分類されます。リスクレベルⅣが最も甚大な想定被害であり、リスクレベルⅠは受容可能なものです。ISO12100の中で、安全とは「すべてのリスクレベルがⅠまたはⅡとなった状態」のことを意味しています。そのため、リスクレベルがⅢおよびⅣの項目について、リスク低減策を講じなければなりません。

この許容できないリスクに対する低減の考え方は、ISO12100の後半部に定義されています。リスク低減の方策は、本質的安全設計・安全防護・使用上の情報の三つに分類されます。

一つめの本質的安全設計とは、危険源を除去するための代替手段の採用や保護構造による危険源への暴露回避のことを表します。この本質的安全設計が最もリスク低減効果が高いことから、機械設計時には必ず考える必要があります。

次の安全防護とは、危険源の除去や回避はしないものの、センサなどの検知装置を用いることで危険源への暴露頻度を低減することをいいます。

もうひとつの使用上の情報とは、文書やラベルなどでリスクを通知する方法のことです。作業者の視覚・聴覚に訴えかける手段ですので、わかりやすい表示や警告音にする必要があります。機械設計者は、リスクアセスメント結果に応じて、安全を高めるために設計を変更することになります。

要点BOX

- ●危険源を同定しリスクを見積る
- ●リスクを評価し低減策を講じる
- ●リスク低減はまず本質的安全設計から

機械安全とリスクアセスメントの位置づけ

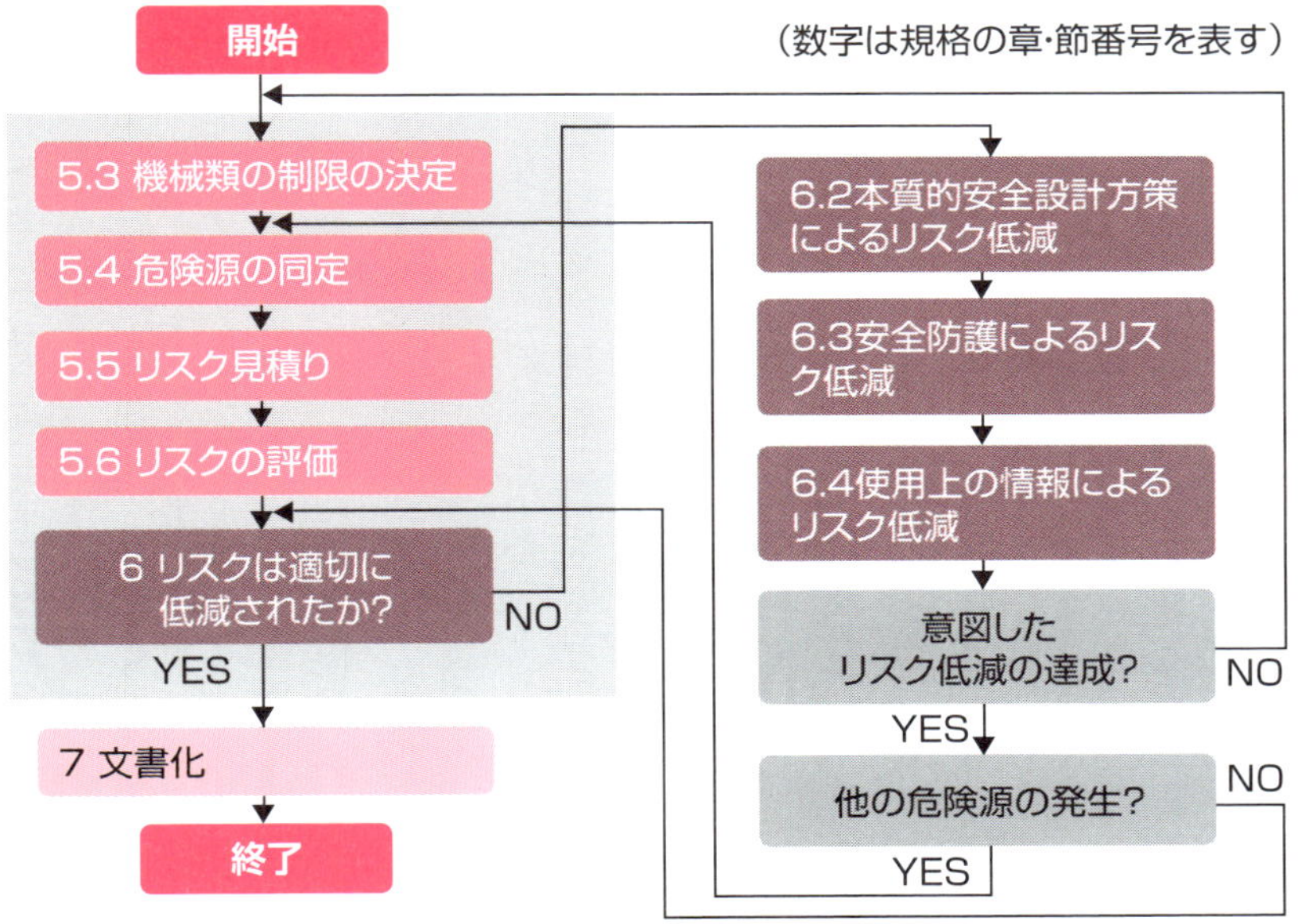

危険の分類と事象

1. 機械的危険	押しつぶし、挟まれ、突き刺され、せん断、引き込まれ、こすれ、切断、衝撃など
2. 電気的危険	充電部との接触、絶縁不良、静電気など
3. 熱的危険	火災、爆発、放射熱、やけどなど
4. 騒音による危険	聴力低下、耳鳴りなど
5. 振動による危険	手・腕・腰・全身の運動の機能低下
6. 放射線による危険	低周波、高周波、紫外線、赤外線、X線など
7. 材料による危険	有害物質、刺激物、粉じん、爆発物など
8. 人間工学原則の見落としによる危険	不健康な姿勢、ヒューマンエラーなど
9. 機械の使用環境と関連した危険	安全対策の不備、設置ミス、機械の故障、機械部品の破損など
10. 組み合わせによる危険	上記1～9の複数要因の組み合わせ

リスクレベルと判断基準

リスクレベル	判断基準
Ⅳ	受容できない重大なリスク
Ⅲ	許容できない中程度のリスク
Ⅱ	リスク低減費用が改善効果を超えるときに許容できる軽微なリスク
Ⅰ	受容できる些細なリスク

65 3R（リデュース、リユース、リサイクル）

機械設計者は環境問題にも興味を持つ

３ＲのＲはReduce, Reuse, Recycleの三つを指しています。原材料の使用量を減らし、製品が廃棄物となることをReduce（抑制）、不要となり廃棄する場合には原材料や部品をReuse（再利用）、そしてどうしても再利用できないものを再生して利用することがRecycle（再生利用）です。これらを促進することが、循環型社会形成推進基本法に定められています。

機械設計者としては企画や設計の早い段階から、①部品数や材料を減らすこと、②回収した部品を再利用すること、③使用後の部品を回収して原材料やエネルギーの再生利用すること、を念頭に入れた設計を心掛けていかなければなりません。

３Ｒをうまく実現できた製品の一つの例として使い捨てカメラがあります。消費者は撮影が終わると、カメラを写真屋に持っていき現像を頼みます。ここで販売した製品を回収する仕組みをうまく取り込んでいます。次に回収されたカメラは工場に戻されて、レンズなど内蔵品で再利用できる部品は取り外されて、新しいカメラに再利用していきます。この使い捨てカメラは環境問題への配慮とコストダウンの両方を同時に達成できた画期的な製品でした。

このように設計者は製品のライフサイクルの仕組みを構築する中で、３Ｒを組み込んでいく工夫が求められているのです。

環境保全が地球的課題となった昨今では、機械設計者の役割は単なる機械や装置を設計するだけではありません。３Ｒに取り組んだ製品を設計して、製品の差別化をすることで、今後、科学技術立国である日本製の製品に無形の付加価値を付けることができます。

また、さらには、消費者からの企業好感度の向上や顧客満足度を高めることができます。

要点BOX

- ●3Rとは抑制、再利用、再生利用
- ●付加価値を高めるために3Rを考慮

製品のライフサイクルと3Rの関係

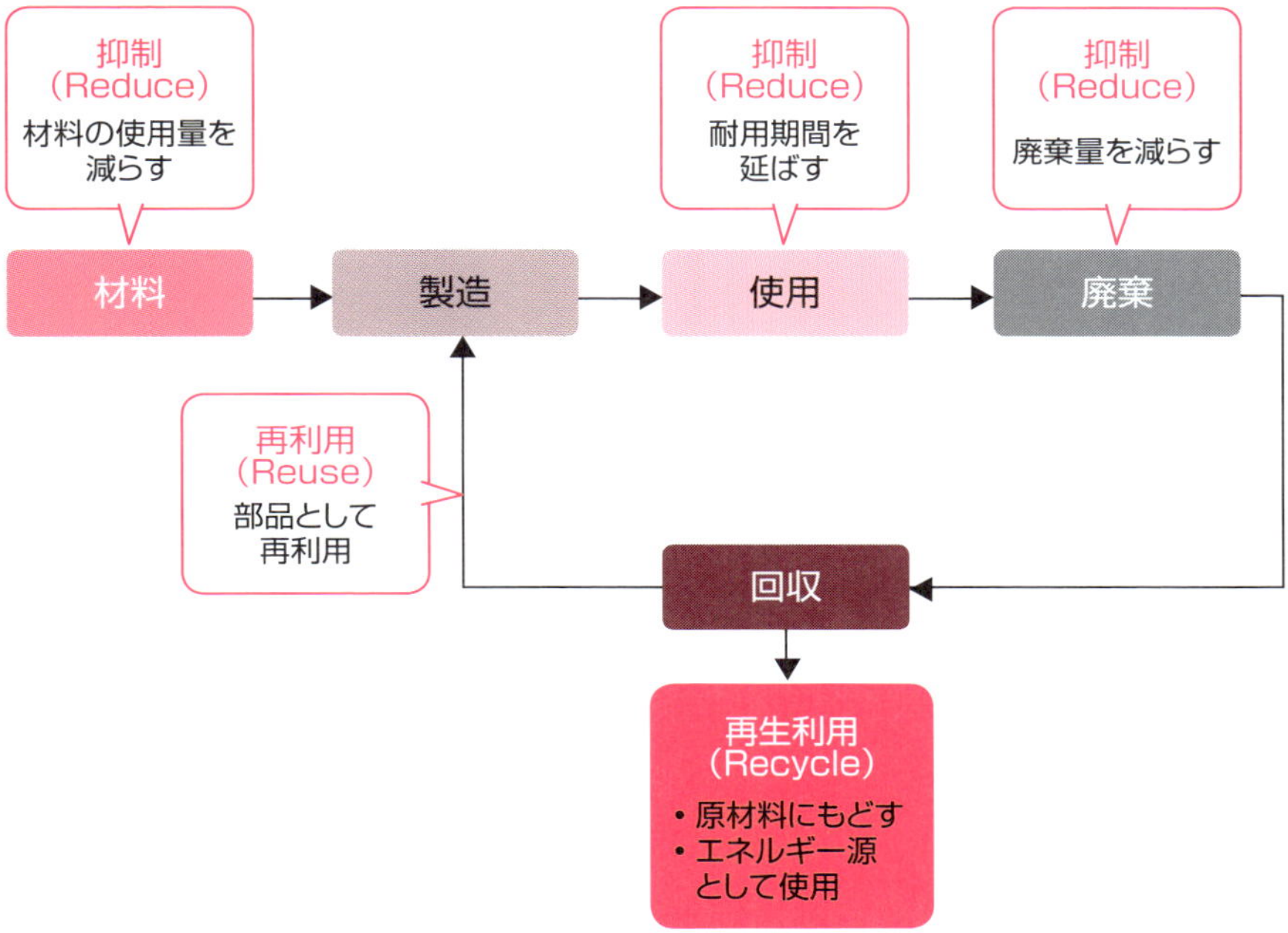

66 3次元CAD

立体表現で、よりビジュアルな構造設計へ

CADはComputer Aided Designの略で、日本語ではコンピュータ支援設計と訳されています。また、JIS B3401では「製品の形状、その他の属性データからなるモデルをコンピュータの内部に作成し、解析・処理することによって進める設計」と定義されています。1960年代にアメリカ国防総省が中心となって開発が進められてきましたが、1980年中頃からMS―DOSパソコンに対応した廉価な2次元CADソフトが発売されて一般の産業界にも広がりました。

3次元CADの方は、1980年頃から開発が始まり、一般産業界に出回るようになったのは2000年以降です。特に、複雑な曲面形状の設計を行う必要のある自動車業界、金型設計やプラント設計の分野では積極的に採用されてきました。3次元データを入力値として加工用プログラムを作成して、実際の加工を行う（CAM）ことが可能になります。

3次元CADを使った設計を行うことで、2次元CADの特徴であったデータの反復利用や寸法記入に加えて、構造解析の自動化、干渉の事前チェックで設計品質の向上が期待できます。また、立体で表現することで、設計のプロでなくても形状を把握できることができます。そのため、コンカレントエンジニアリング（CE）（巻頭キーワード解説参照）の実現や、顧客へのプレゼンテーションにも威力を発揮します。

一方、3次元CADは初期投資にお金がかかる、モデル作成に時間がかかる、などのデメリットもあります。しかし、今後、汎用的な設計ツールとして需要が増えれば、コストは下がり、ますます3次元CADが発展していくことは間違いありません。3次元CADの普及と設計業務の標準化で、設計中のデータを利用しやすくなっています。そのため、世界中どこでもシームレスに設計を行うことが可能になり、設計期間の大幅な短縮が期待できます。

要点BOX

- ●CADはコンピュータによる支援設計のこと
- ●CAMによるコンピュータ支援製造が可能
- ●設計の標準化により設計期間の短縮も可能

設計業務のシームレス化

日本→アジア→ヨーロッパ→アメリカ→日本と設計を引き継いで進めていけば、
時間が途切れることなく設計を進められて、設計期間を短縮できる。

67 FMEA、FTA

故障事象を論理的に捉える

FMEAおよびFTAは、ともに故障解析手法のことを指します。

FMEAは、Failure Mode and Effects Analysisの略で、「故障モードと影響解析」と訳されます。FMEAは、主に新製品の設計段階や生産ライン設計段階で実施されます。部品や工程での潜在的な故障要因を把握することで、不具合製品の市場への流出を未然に防ごうとするものです。製品設計の視点で作られるものを設計FMEA、生産ライン視点で作られるものを工程FMEAと呼びます。設計FMEAでは、製品を機能ブロックや個別部品に分割して、それぞれのブロックや部品の形や性能が損なわれた場合に、製品の機能低下に及ぼす影響を頻度や重大性などのキーワードを使って評価していきます。もう一方の工程FMEAでは、量産時の組立工程ごとに分割して、各工程での組立不具合があった場合の機能低下を評価します。

FTAは、Fault Tree Analysisの略で、「故障の木解析」と訳されます。FMEAが製品を中心に故障解析をするのに対し、FTAでは発生させてはならない故障をトップ事象とした上でその要因を連鎖的に展開します。そして、故障発生経路を明確にすることで、故障発生要因や発生確率を解析します。要因展開時には、ANDやORなどの論理記号を用います。複数の事象が重なり合って故障に至る場合には論理積（AND）で結合し、複数事象がそれぞれ独立して故障要因となる場合には論理和（OR）で結合します。AND結合の場合ではいずれかの事象を回避すれば故障を抑制できますが、OR結合ではすべての事象について対策を講じなければならないことを明示できます。FMEAおよびFTAは、故障解析だけでなく、製品の品質を維持するための資産と捉えることができます。改版を重ねることで、より高品質な製品の創出につなげられます。

要点BOX

●FMEAとは製品を要素に分解して解析
●FTAとは故障を個別事象に分解して解析

FMEA表のフォーマット例

アイテム	機能	故障モード	故障影響	故障原因	重要度(対策前)				対策の検討		対策実施とその結果	重要度(対策後)			
					影響度	発生頻度	検知難易度	重大性	対策内容	担当部門実施期間		影響度	発生頻度	検知難易度	重大性

FTAの例

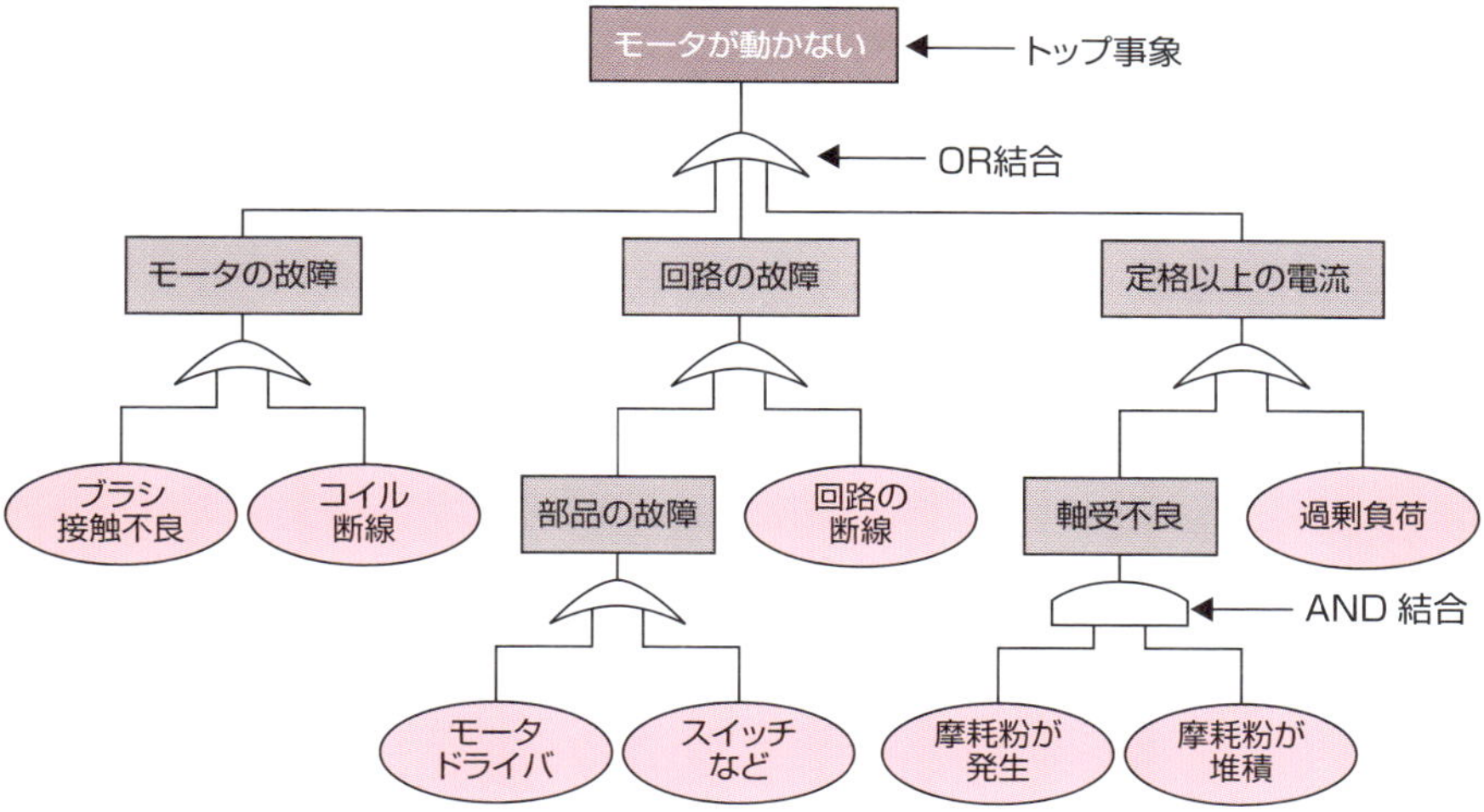

FTAで用いられる主な記号とその意味

	記号	名称	説明
事象記号	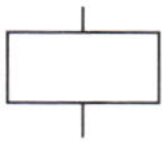	事象(event)	トップ事業または、その要因として展開される個々の事象を表す。
	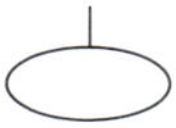	基本事象(basic event)	事象を展開した結果、これ以上展開できない。またはする必要がない基本的な事象を表す。
論理記号	出力  入力	ANDゲート(AND gate)	すべての入力事象が同時に発生するときに、出力事象が発生する場合に用いる。
	出力  入力	ORゲート(OR gate)	入力事象のうち少なくとも一つ発生するときに、出力事象が発生する場合に用いる。

68 VA、VE

機能の観点で製品価値を評価する

VAおよびVEは、ともに機能向上やコスト低減を行う手法の総称です。

VAとVEは、それぞれValue Analysis（価値分析）とValue Engineering（価値工学）の略で、主に既存製品に対する改善を行う手法をVAと呼び、既存製品だけでなく開発設計段階で行われる質的向上の手法をVEと呼びます。すなわち、VEはVAを包含する概念です。

VEの目的は、最小限のライフサイクルコストで必要な機能を達成することです。また、コストと機能は、設計だけでなく企画・購買・製造などのさまざまな部門にまたがって作り上げていくことになります。したがってVEとは、最小コストと必要機能の両立を実現するために行う組織的な努力と定義されています。

具体的なVEの進め方は、機能定義、機能評価、代替案作成という3ステップになります。製品を使用する人が求める機能を最初に考え、製品の基本機能と付加的機能に優先度を分類します。そしてそれぞれの機能を達成するための具体的な現存する手段とそれを代替できる別手段の両方を考えます。代替手段の多くは技術的な研究・開発要素を含むことから、VEは新たな技術注入による価値創造であるといえます。VEを阻害する要素は、次の四つです。

①全体視点が欠如した個別最適化
②過剰な設計仕様
③設計と工法・生産工程の不一致
④不適切な品質管理

この中で、③と④は試作評価後の対応が可能ですが、①と②は製品の企画段階で決定され、しかもコストへの影響が大きいことから、価値向上の観点で企画の重要性は明らかといえます。機械設計者は、価値を具現化する中心的存在として、製品の企画段階から機能とコストのバランスを考慮した仕様を決めることが重要です。

要点BOX

- ●最小コストと必要機能の両立を図る
- ●ライフサイクル全体のコストを考慮する
- ●代替手段は研究・開発で実現する

VE5原則とVEの3段階

VE5原則

(1)使用者優先の原則……顧客の視点を出発点とすること。価値は与えるのではなく、使用者が感じるもの。

(2)機能本位の原則……使用者が求めているのは、ものではなく機能。機能の達成レベルも併せて考慮すること。

(3)創造による変更の原則……現状の製品や固定観念に囚われることなく、創造的な思考により積極的な変更を試みること。

(4)チーム・デザインの原則……顧客視点の価値・機能・コストは設計者だけが行うものではない。企画・研究・設計・開発・生産技術・製造・品質・購買・営業など、製品に携わるあらゆる部門でチームを作って、互いに意見を出し合うこと。

(5)価値向上の原則……V=F／C(下記)の概念式に従って、機能向上とコスト低減の両方を考慮すること。

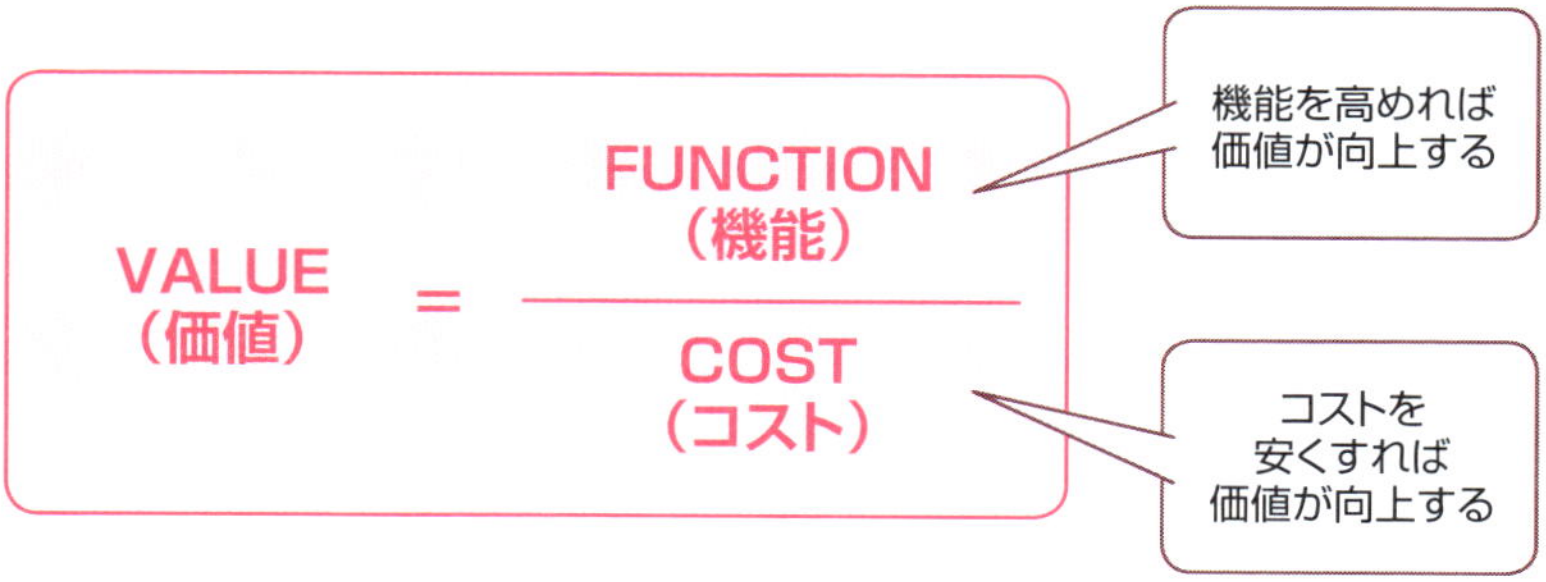

VEの3段階

(1)ゼロルックVE……製品企画の段階で行うVEのこと。顧客が期待する価値を把握して、機能・性能・価格などの仕様を開発仕様に盛り込むことで、製品の価値を創出する。近年のVEではきわめて重要。

(2)ファーストルックVE……製品の開発・設計段階で行うVEのこと。低コストで機能を満足する製品の開発・設計を行う。主に設計者が行う。

(3)セカンドルックVE……すでに生産されている製品のコスト低減を目的として行うVEのこと。部材変更や形状変更などを行う。

今日からモノ知りシリーズ
トコトンやさしい
機械設計の本

NDC 531.9

2013年9月13日　初版1刷発行
2017年2月22日　初版4刷発行

編　著　Net-P.E.Jp
©著者　横田川 昌浩
岡野 徹
高見 幸二
西田 麻美
発行者　井水 治博
発行所　日刊工業新聞社
東京都中央区日本橋小網町14-1
(郵便番号103-8548)
電話　書籍編集部　03(5644)7490
販売・管理部　03(5644)7410
FAX　03(5644)7400
振替口座　00190-2-186076
URL　http://pub.nikkan.co.jp/
e-mail　info@media.nikkan.co.jp
印刷・製本　新日本印刷(株)

●DESIGN STAFF
AD―――――――志岐滋行
表紙イラスト―――黒崎　玄
本文イラスト―――小島サエキチ
ブック・デザイン ――矢野貴文
(志岐デザイン事務所)

●
落丁・乱丁本はお取り替えいたします。
2013 Printed in Japan
ISBN　978-4-526-07137-9　C3034

●定価はカバーに表示してあります

●執筆者

横田川 昌浩(よこたがわ まさひろ)
技術士(機械部門)公益社団法人日本技術士会会員
メーカー勤務

岡野 徹(おかの とおる)
技術士(経営工学部門)公益社団法人日本技術士会会員
メーカー勤務

高見 幸二(たかみ こうじ)
技術士(機械部門)公益社団法人日本技術士会会員
メーカー勤務

西田 麻美(にしだ まみ)
工学博士
関東学院大学工学部機械工学科所属

●『Net-P.E.Jp』による書籍
- 『技術士第二次試験「機械部門」完全対策＆キーワード100』　日刊工業新聞社
- 『技術士第一次試験「機械部門」専門科目　過去問題　解答と解説』　日刊工業新聞社
- 『技術士第一次試験「基礎・適性」科目キーワード700』　日刊工業新聞社
- 『技術論文作成のための機械分野キーワード100 解説集－技術士試験対応』　日刊工業新聞社
- 『機械部門受験者のための　技術士第二次試験＜必須科目＞論文事例集』日刊工業新聞社
- 『技術士第二次試験「合格ルート」ナビゲーション』日刊工業新聞社
- 『技術士第一次試験　演習問題　機械部門Ⅱ　100問』　株式会社テクノ

●インターネット上の技術士・技術士補と、技術士を目指す受験者のネットワーク『Net-P.E.Jp』（Net Professional Engineer Japan）のサイト
http://www.geocities.jp/netpejp2/
●『トコトンやさしい機械設計の本』
書籍サポートサイト
http://www.geocities.jp/netpejp2/book.html